交流特高压输变电工程属地管理工作手册

张桂林　主编

人民交通出版社股份有限公司
China Communications Press Co.,Ltd.

内 容 提 要

本手册从属地管理的角度出发,对交流特高压输变电工程建设工作进行了规范。本手册涵盖了从工程前期、工程设计与施工准备、工程建设、工程竣工决算与后评价所涉及的可研相关协议办理、建设用地预审等35项工作任务,明确了各项任务的工作内容及要求,总结了办理各项工作所需材料以及具体的工作流程。以期推动属地管理工作的有序开展,确保工程建设的顺利进行。

本书可供电网建设工程相关管理人员使用。

图书在版编目(CIP)数据

交流特高压输变电工程属地管理工作手册 / 张桂林主编. — 北京 : 人民交通出版社股份有限公司, 2017.11

ISBN 978-7-114-14331-1

Ⅰ. ①交… Ⅱ. ①张… Ⅲ. ①特高压输电—电力工程—工程管理—手册②变电所—电力工程—工程管理—手册 Ⅳ. ①TM723-62②TM63-62

中国版本图书馆 CIP 数据核字(2017)第 278581 号

书　　名: 交流特高压输变电工程属地管理工作手册
著 作 者: 张桂林
责任编辑: 赵瑞琴
出版发行: 人民交通出版社股份有限公司
地　　址: (100011)北京市朝阳区安定门外外馆斜街3号
网　　址: http://www.ccpress.com.cn
销售电话: (010)59757973
总 经 销: 人民交通出版社股份有限公司发行部
经　　销: 各地新华书店
印　　刷: 北京鑫正大印刷有限公司
开　　本: 787×1092　1/16
印　　张: 5
字　　数: 110千
版　　次: 2017年11月　第1版
印　　次: 2017年11月　第1次印刷
书　　号: ISBN 978-7-114-14331-1
定　　价: 18.00元

编 委 会

目　录

1 总 则

1.1 为进一步规范交流特高压输变电工程属地管理工作,明确工程建设各阶段属地公司职责、工作内容及相关要求,合理控制工程造价,推动属地管理工作有序开展,确保工程建设顺利实施,制定本手册。

1.2 本手册法律依据

1.2.1 国家法律

《中华人民共和国水法》

《中华人民共和国建筑法》

《中华人民共和国电力法》

《中华人民共和国森林法》

《中华人民共和国防洪法》

《中华人民共和国消防法》

《中华人民共和国城乡规划法》

《中华人民共和国土地管理法》

《中华人民共和国水土保持法》

《中华人民共和国防震减灾法》

《中华人民共和国文物保护法》

《中华人民共和国环境保护法》

《中华人民共和国矿产资源法》

1.2.2 行政法规

《建设工程质量管理条例》

《地震安全性评价管理条例》

《地质灾害防治条例》

《中华人民共和国土地管理法实施条例》

《土地复垦条例》

《中华人民共和国消防条例》

《中华人民共和国森林法实施条例》

《建设项目环境保护管理条例》

《国家电网公司基建项目管理规定》

《国家电网公司输变电工程可行性研究内容深度规定》

1.2.3 部门行政规章

《土地登记办法》

《建设用地审查报批管理办法》

《河道管理范围内建设项目管理的有关规定》

《国家发展改革委重大固定资产投资项目社会稳定风险评估暂行办法》

《国务院关于发布政府核准的投资项目目录的通知》

《关于规范建设项目压覆矿产资源审批工作的通知》

《国土资源部关于进一步改进建设用地审查报批工作提高审批效率有关问题的通知》

《国家林业局占用征用林地审核审批管理办法》

1.2.4　行业规章

《电网工程建设预算编制与计算规定》

《国家电网公司工程前期管理办法》

《国家电网公司特高压及跨区交流电网工程建设管理办法(试行)》

《交流特高压工程结算审核管理细则(试行)》

《国家电网公司电网建设项目档案管理办法(试行)》

注:凡是注明日期的引用文件,仅注明日期的版本适用于本手册。凡是未注明日期的引用文件,其最新版本适用于本手册。

1.3　本手册适用于国家电网公司系统交流特高压输变电工程的建设,其他类似工程项目的建设可参照执行。

2 术 语

属地公司

本手册所称属地公司指在交流特高压输变电工程项目实施过程中，国家电网公司所属的（负责协调、办理与各级政府、行政主管部门、企（事）业单位及民事主体所发生的一切相关事务的）省级电力公司。一般情况下，属地公司应成立交流特高压工程建设管理机构，代表公司履行交流特高压工程建设管理职能，落实国家电网公司有关工作要求，负责统一指挥和组织协调各交流特高压工程的建设管理工作，负责各业主项目部的组建与管理、工程现场管理和外部环境协调。

属地管理工作

属地管理工作是指除工程本体建设外，由属地公司承担的本行政区域内交流特高压工程工程前期、工程设计与施工准备、工程建设、工程竣工决算与后评价阶段中需要与各级政府、行政主管部门、企（事）业单位及民事主体所发生的一切相关事务的总和。具体包括：协议取得、证件办理、行政许可、费用缴纳、专题评估、征（占）地补偿、通道清理、走廊保护、施工受阻协调及其他需要与各级政府、行政主管部门、企事业单位和民事主体所发生的相关事务。

可研相关协议

可研相关协议指在工程前期阶段、在可行性研究报告编制以前，需取得或征求项目相关地方政府、行政主管部门和利益相关方书面形式的意见，是制订、调整项目可研方案的依据和支撑。

规划行政许可

规划行政许可指规划行政管理部门核发的关于项目选址、用地、项目布局的法律凭证，包括项目选址意见书、建设用地规划许可证、建设工程规划许可证。

项目选址意见书是有关建设项目地址选择和布局的法律凭证。

建设用地规划许可证是经城市规划行政主管部门确认建设项目位置和范围符合城市总体规划的法定凭证，是建设单位申请用地的前置条件。

建设工程规划许可证是建设工程整体布局及平立剖布局符合城市规划要求的法律凭证，是建设活动中接受监督检查时的法定依据。

土地行政许可

土地行政许可是指建设工程在项目核准、建设前依法申请国土资源管理部门对建设项目涉及的土地利用事项进行审查而取得的法律凭证。主要包括用地预审意见、先行用地批复、国有土地使用权证。

用地预审意见是指在项目可研完成后，国土资源管理部门对建设项目土地利用的审批意见。

先行用地批复是指国家立项的重大建设项目，依法由国务院批准用地的地方批准（核准）建设的民生工程、基础设施、生态环境和灾后重建项目的控制工期单体工程，以及有工期要求或受季节影响急需开工工程，建设单位依法申请先行用地，国土资源管理部门对建设项目土地利用的审批意见。先行用地申请须报请国土资源部批准。

国有土地使用权证是建设单位依法申请，由县级及以上人民政府颁发的国有土地使用权的法律凭证，主要载明土地使用者名称，土地坐落、用途，使用权面积、使用年限和范围等。

施工许可证

为了加强对建筑活动的监督管理，维护建筑市场秩序，保证建筑工程的质量和安全，根据《中华人民共和国建筑法》，在中华人民共和国境内从事各类房屋建筑及其附属设施的建造、装修装饰和与其配套的线路、管道、设备的安装，以及城镇市政基础设施工程的施工，建设单位在开工前应当依照本办法的规定，向工程所在地的县级以上人民政府建设行政主管部门（以下简称发证机关）申请领取施工许可证。

环境影响报告书

根据《建设项目环境保护管理条例》2017 版最新规定，500kV 及以上，涉及环境敏感区的 330kV 及以上的输变电工程依法编制环境影响报告书，在开工建设前将环境影响报告书提交有审批权的环境保护行政主管部门审批；建设项目的环境影响评价文件未依法经审批部门审查或者审查后未予批准的，建设单位不得开工建设。

环境影响报告书，全面、详细地评价建设项目产生的污染和对环境的影响。

按照《国务院关于第一批清理规范 89 项国务院部门行政审批中介服务事项的决定》（国发〔2015〕58 号）的要求，自 2016 年 3 月 1 日起，不再要求建设单位提交建设项目竣工环境保护验收调查报告或验收监测报告，改由环境保护部委托相关专业机构进行验收调查或验收监测，所需经费列入财政预算。

水行政许可

水行政许可是指水利行政管理部门依法对项目建设、运行进行审查。包括水土保持评价、水土流失动态监测和水土保持验收。

水土保持评价是指水土保持行政主管部门对自然因素和人为活动造成水土流失所采取的预防和治理措施进行评价，并跟踪监测的方法与制度。对于工程建设项目规定用地超过 1 公顷以上或挖填土石方总量在 1 万 m^3 以上的必须依法开展水土保持评价。

水土流失动态监测是指对水土流失发生、发展、危害及水土保持效益进行长期的调查、观测和分析工作，需要定期向水务部门报备。

水土保持验收是指建设项目竣工后，水土保持行政主管部门对建设项目中的水土保持设施进行验收。

地质灾害危险性评估

地质灾害危险性评估是指进行工程建设时，对建设工程遭受地质灾害的可能性和建设过程中、建设后引发或加剧地质灾害的可能性做出评估，并提出具体预防治理措施、建议的活动。

压覆矿产调查评价

压覆矿产调查评价是指通过一定手段对拟建工程安全保护范围内的矿产资源赋存的地质条件、开采现状、储量、潜在经济价值等进行地质勘查和评价。

地震安全性评价

地震安全性评价是指在对具体建设工程场址及其周围地区的地震地质条件、地球物理场环境、地震活动规律、现代地形变及应力场等方面深入研究的基础上，采用先进的地震危险性概率分析方法，按照工程所需要采用的风险水平，科学地给出相应的工程规划或设计所需要的一定概率水准下的地震动参数（加速度、设计反应谱，地震动时程等）和相应的资料。

节能评估

节能评估是固定资产投资项目节能评估和审查的简称，是指根据节能法规、标准，对各级人民政府发展改革部门管理的在我国境内建设的固定资产投资项目的能源利用是否科学合理进行分析评估，并编制节能评估文件或填写节能登记表。对项目节能评估文件进行审查并形成审查意见，或对节能登记表进行登记备案，并将审查意见或节能登记表作为项目审批、核准或开工建设的前置性条件以及项目设计、施工和竣工验收的重要依据。

防洪影响评估

防洪影响评估是指依据水利部《河道管理范围内建设项目管理的有关规定》，对于河道管理范围内建设项目应进行防洪评价，编制防洪评价报告。

文物影响评价

文物影响评价是指对与文物或文物保护单位有关的规划和建设项目实施后可能造成的文物及风貌影响进行分析、预测和评估，提出预防或者减轻不良影响的对策和措施，并在规划和建设过程、事后进行跟踪监测。

社会稳定风险评估

社会稳定风险评估是指与人民群众利益密切相关的重大决策、重要政策、重大改革措施、重大工程建设项目，及与社会公共秩序相关的重大活动等重大事项在制定出台、组织实施或审批审核前，对可能影响社会稳定的因素开展系统的调查，科学的预测、分析和评估，制订风险应对策略和预案。

项目核准

项目核准是指企业自主投资的对经济社会有重大影响的项目和已列入《政府核准投资目录》的项目以及旅游、矿产、通信、水利、资源类项目需将项目申请报告、建设项目选址意见、用地预审意见、环境影响评价意见等材料报与相应政府行政管理机关审批核准，否则不予立项的政策。项目核准有效期为 2 年，自发布之日计算，准予延期最长不超过一年。

消防行政许可

消防行政许可是指公安消防部门依法对项目建设、运行进行审查。包括消防设计审查和消防验收。

消防设计审查是指凡新建、扩建、改建、装修工程和搭建临时工棚、排棚等均需向公安消防部门报建审批的程序，审核内容包括：选址方案审核、初步设计审核、建筑设计防火审核、自动消防系统设计审核。

消防验收是指公安机关消防机构对依法申报消防验收的建设工程，依照消防验收评定标准对已经消防设计审核合格的工程组织消防验收。

安全验收评价

在建设项目竣工后正式生产运行前或工业园区建设完成后，通过检查建设项目安全设施与主体工程同时设计、同时施工、同时投入生产和使用的情况或工业园区内的安全设施、设备、装置投入生产和使用的情况，检查安全生产管理措施到位情况，检查安全生产规章制度健全情况，检查事故应急救援预案建立情况，审查确定建设项目、工业园区建设满足安全生产法律法规、标准、规范要求的符合性，从整体上确定建设项目、工业园区的运行状况和安全管理情况，做出安全验收评价结论的活动。按照《安全生产法》，由建设管理单位负责组织安全设施验收。

林业行政许可

征（占）用林地指勘查、开采矿藏和修建道路、水利、电力、通信等工程，需要占用或者征收、征用林地的，应由用地单位向县级以上人民政府林业主管部门提出用地申请，按标准预交森林植被恢复费，领取使用林地审核同意书，凭使用林地审核同意书依法办理建设用地审批手续。

临时占用林地应当经县级以上人民政府林业主管部门批准。临时占用林地的期限不得超过两年，并不得在临时占用的林地上修筑永久性建筑物，占用期满后，用地单位必须恢复林业生产条件。

林木采伐许可指采伐已经批准征（占）用林地上的林木时，应依据审批权限向林业主管部门申请林木采伐许可证。

交叉跨越

输电线路与其他线路如电信线、电力线、管道、索道、铁路、公路等相交，形成水平交叉角度的,称为交叉。输电线路穿越房屋、建筑、果树、林木、河流等物体,称为跨越。但一般并不严格区分,通常对所有各种交叉也统称为交叉跨越。

工程协调

工程协调是指协调解决现场建设重大问题,推进各项工作(包括变电站征地及临建用地、线路塔基征(占)地、通信中继站机房征(占)地等)和开工许可证等办理、建筑物及构筑物拆迁补偿、线路通道林木砍伐赔偿(包括永久占用林地勘察、林木砍伐证办理等)、地方关系协调与纠纷处理等。

征(占)地及青苗补偿

征(占)地及青苗补偿是指在征地拆迁时,可能会破坏土地上的青苗,造成了所属人的损失,所以,应对征地拆迁的青苗进行一定的补偿或者赔偿。

初设协议

初设协议是指在初步设计编制以前,取得的征求项目相关地方政府、行政主管部门和利益相关方书面形式的意见,是调整、制定项目初步设计的依据和支撑。

三线

三线是指因施工或线路运行对其有影响而需要迁移的电力线、通信线、光缆、电缆或电视线的总称。

四通一平

四通一平是指水通、电通、路通、通信通、场地平整。其中水通指施工给水、排水通畅。电通指施工供电通畅。路通指施工道路通畅。通信通指施工通信通畅。场地平整指整个施工场地平整。

大额赔偿

大额赔偿是指对电网工程建设拆迁范围内的建(构)筑物、矿山,包括:房屋、厂矿、炸药仓库、养殖场、学校、加油站等造成的损失、损坏或伤害的数额巨大的补偿。

前期费

前期费是指项目法人在项目前期阶段进行分析论证、可行性研究、规划选址或选线、方案设计、评审评价以取得国家行政主管部门核准所发生的费用。

建设场地征用及通道清理费

建设场地征用及通道清理费是指为获得工程建设所必需的场地而发生的有关费用,由土地征用费、迁移补偿费、余物清理费、施工场地租用费、输电线路走廊施工赔偿费、通信设施防输电线路干扰措施费组成。

项目法人管理费

项目法人管理费是指项目法人在项目管理工作中发生的机构开办费和日常管理性费用。

项目后评价费

项目后评价费是指根据国家行政主管部门的有关规定,项目法人为了对项目决策提供科学、可靠的依据,指导、改进项目管理,提高投资效益,同时为政府提供参考依据,完善相关政策,在项目竣工交付生产一段时间后,对项目立项决策、实施准备、建设实施和生产运行全过程的技术经济水平和产生的相关效益、效果、影响等进行系统性评价所支出的费用。

结算审核

本手册所称工程结算审核,主要是指工程结算审核机构对建设场地征用及清理费用和项目法人管理费用的审核。属地公司负责及时向结算审核单位提供职责范围内建设场地清理及赔偿费和其他费用结算资料。

3　属地管理工作内容和职责

属地即工作管辖范围,可以是工作区域、管理的实物资产和具体工作任务(项目),也可以是权限和责任范围。属地特性有明确的范围界限,有具体的管理对象(人、事、物等),有清晰的标准和要求。属地管理即对属地内的管理对象按标准和要求进行组织、协调、领导和控制。本部分内容从属地管理的工作内容和工作职责两个方面进行阐述。

3.1　属地管理工作可分为行政手续办理和属地协调工作两大类(见图1、图2),贯穿整个项目周期,涉及范围广、政策性强,因此属地管理工作应坚持"超前谋划、刚性执行"思路,实现规范管理流程、明确责任分工、争取政策支持,优化建设环境的目的,从而保障交流特高压项目建设的顺利进行。

3.2　属地管理工作实施分级管理。属地公司应督促、指导所属各地方公司成立交流特高压工程建设相应属地管理工作机构,建立省、地市、县、乡镇四级属地工作体系,上级管理机构负责对下级管理机构进行管理、指导和考核。

3.3　属地协调工作是属地管理工作中的一项重要内容,包括工程前期、工程设计与施工准备、工程建设、工程竣工决算与后评价阶段全过程属地协调工作。

3.4　属地公司应积极争取地方政府支持,促请省、市、县政府成立相应机构,出台有利工程建设的政策,统一工程前期手续办理、建设征(占)地、拆迁、走廊清理及青苗赔偿标准,协调解决工程建设中的重点、难点问题。

3.5　属地公司职责

3.5.1　工程前期阶段:负责成立本级工程建设管理机构,并指导下级公司成立重点工程组织管理机构。负责交流特高压项目前期工作的手续办理、合同签订、履行,及相关年度资金支付计划报送、信息统计报送等工作;完成项目前期档案的归集和移交;开展项目可研阶段及核准之前所需的发改委立项、选址意见书、用地预审、环保、水保、节能评估、社会稳定风险评估、项目核准等工作;负责组织地灾、地震、文物、压矿等前期专题评估工作,负责落实省内省级支持性文件和贷款承诺函。

3.5.2　工程设计与施工准备阶段和工程建设阶段:负责交流特高压工程建设属地管理工作的统筹组织协调;负责配合设计单位取得省级单位初步设计阶段路径协议(含防洪、管道、高速公路、高速铁路、通信、航道等跨越协议);负责指导下级公司办理建设用地规划许可、建设工程规划许可、先行用地、土地征(占)用、林地征(占)用等工程前期手续;指导下级公司开展征(占)地补偿,通道清理,地方协调工作;负责管理范围内建设场地占用及通道清理费、法人管理费的分配、使用、管理和财务核算工作,并对下级公司费用使用情况进行监管;负责所辖设备停电计划的上报审查;负责建立和执行交流特高压工程属地管理工作评价考核机制。

3.5.3　总结评价阶段:负责组织评价审核单位对建设场地征用及通道清理费用进行结算。

图1　交流特高压输变电工程行政手续办理工作总体流程

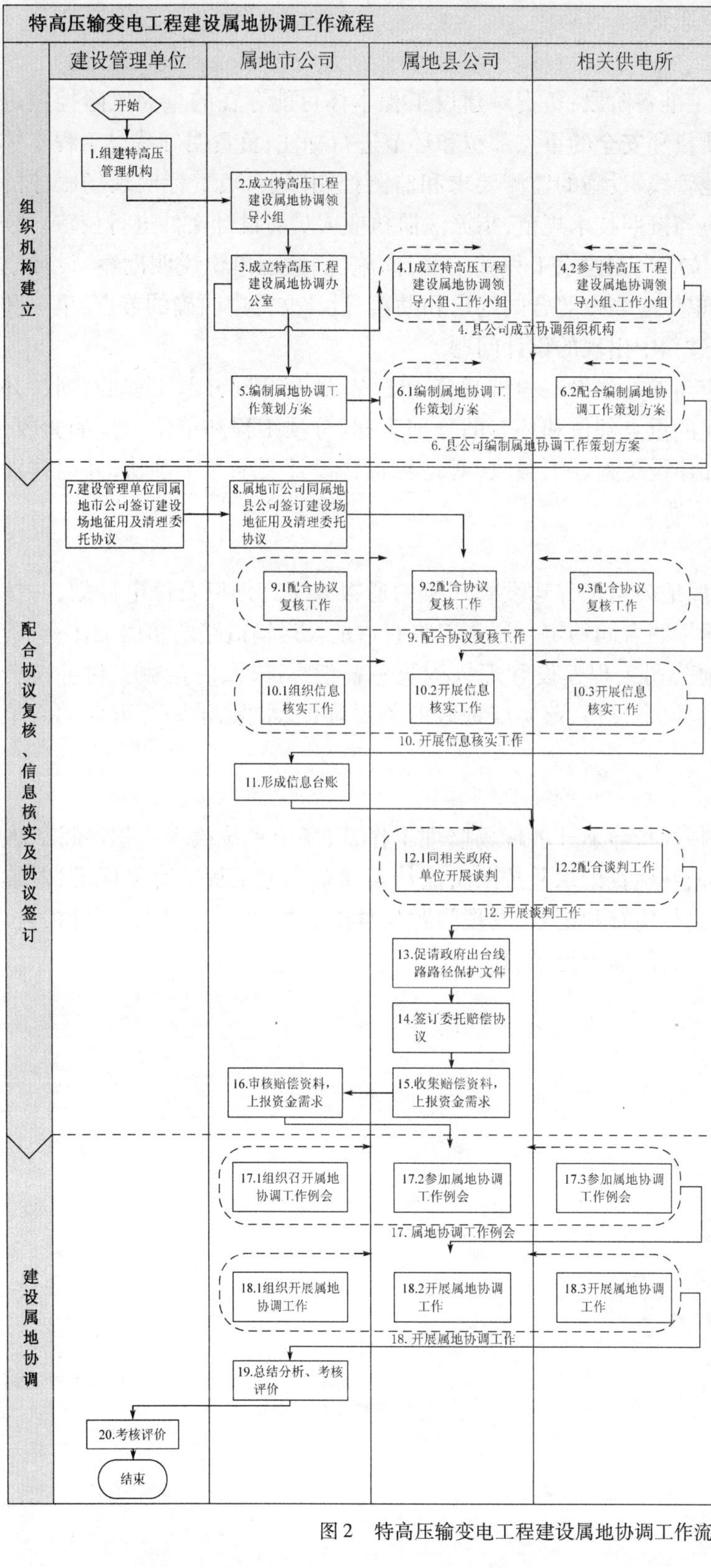

过程描述

流程开始

1. 建设管理单位组建特高压管理机构。

2. 属地市公司成立特高压工程建设属地协调领导小组，主要负责人任组长，基建、规划、生产分管领导任副组长，有关部门、单位负责人为成员，对工作目标、任务和责任进行明确。推动市政府成立特高压建设领导小组。

3. 属地市公司成立特高压工程建设属地协调办公室，公司分管领导任组长，公司主管基建副总工程师、有关部门负责人以及各（县）市公司主要领导任副组长，公司建设部、发展部有关人员、相关县公司分管领导及涉及供电所所长为成员，明确工作小组职责。

4.各属地县公司成立特高压工程建设领导小组、工作小组，相关供电所参与小组成立，明确属地工作人员责任。推动县政府成立特高压建设领导小组。

5. 属地市公司特高压工程建设办公室编制属地协调工作策划方案，明确了属地协调各方工作职责，细化了具体工作任务、时间节点和质量要求。

6.属地县公司特高压工程建设工作小组编制属地协调工作策划方案，细化属地协调工作要求，明确县域内具体任务及分工。

7.建设管理单位同属地市公司签订工程建设场地征用及清理委托协议。

8.属地市公司同属地县公司签订工程建设场地征用及清理委托协议。

9. 属地市公司、属地县公司、相关供电所配合设计单位开展相关协议的复核工作。

10. 根据设计单位提供的工程建设相关信息，属地公司开展信息核实工作，落实线路基础地理位置、地上附着物情况，并对线路沿线重要跨越情况进行核实。

11. 根据信息核实情况，建立属地协调数字化信息档案。为变电站、每基杆塔建立细致全面的单独数据台账，包括地理位置、占地情况、属地联系、杆塔参数、拆迁跨越等详细资料，涵盖前期协议、终勘定位、赔偿谈判、路径保护、施工协调、竣工验收、结算审计等全时段信息。

12.开展同工程涉及各县(市)政府、有关部门及乡镇政府的谈判工作，争取政府部门及有关单位的最大支持，就站址保护、线路路径保护、征地拆迁等相关赔偿等问题进行磋商。

13.属地县公司同相关县(市)政府、乡镇政府就重要拆迁、赔偿项目进行明确，出台路径通道保护文件，防止抢建、抢种、抢栽、抢占等现象的发生。

14.属地县公司同相关县(市)政府、乡镇政府签订长期占地委托赔偿协议、树木砍伐委托赔偿协议、建（构）筑物拆迁委托赔偿协议、机井报废委托赔偿协议、坟墓迁移委托赔偿协议，委托政府开展相关赔偿工作。

15.属地县公司收集委托赔偿协议以及政府的相关票据和赔偿明细，上报次月资金需求计划。

16.属地市公司审核委托赔偿协议以及政府的相关票据和赔偿明细，上报次月资金需求计划。

17.属地市公司定期或根据需要组织召开属地协调工作会，对上阶段属地协调工作开展情况进行总结通报，布置下阶段属地协调工作任务，协调解决各属地县公司提出的困难和问题。

18. 属地市公司、属地县公司根据工程施工进度计划，开展属地协调工作，确保施工顺利实施，不发生因相关赔偿不到位引起的施工受阻事件。

19. 属地市公司对特高压工程的属地协调工作定期进行总结分析，提炼好的做法，不断提升属地协调工作水平。根据各属地县公司属地协调工作任务的完成情况，对各属地县公司进行考核评价。

20. 建设管理单位根据属地市公司属地工作的完成情况，对属地市公司提出考核评价建议。

流程结束

图2 特高压输变电工程建设属地协调工作流程

3.6 设计、施工、监理单位职责

3.6.1 设计单位职责

工程前期及工程设计与施工准备阶段:负责对建设工程本体可能存在的重大风险控制进行专项设计;负责对涉及工程质量和安全的重点部位和环节进行标注;负责明确建设工程本体以及毗邻建筑物、构筑物和其他管线、设施的监测要求和监测控制限值;负责标明现场服务的节点、事项和内容。设计单位应当按照技术规范,指派注册执业人员对设计文件进行校审。校审人员应当签字确认。设计单位应当在建设工程施工前,向施工、监理单位说明勘察、设计意图,解释勘察、设计文件。设计单位应当按照合同约定和勘察、设计文件中明确的节点、事项和内容,提供现场指导,解决施工过程中出现的设计问题。

工程建设阶段:设计单位应当参加建设工程桩基分项工程、地基基础分部工程的验收,并签署意见;参加设计文件中标注的重点部位和环节的分部工程、分项工程和单位工程的验收,并签署意见;设计单位应当参加建设工程竣工验收,对是否符合设计要求签字确认,并向建设单位提供建设工程的使用维护说明。

3.6.2 施工单位职责

施工单位主要负责提前向属地公司工程建设管理机构通报施工计划以及停电计划,并按照上级审定计划严格执行;负责按照合同约定开展施工临时占地及运输道路的赔偿工作;负责解决施工受阻问题;负责和属地公司工程建设管理机构统一补偿标准,及时足额支付补偿费用;严格约束施工人员,尊重属地风俗民情,落实属地政府关于环保、水保、消防等方面的政策要求。

3.6.3 监理单位职责

监理单位在专业监理工程师的指导下开展现场监理工作,对各个单位投入工程项目的人力、材料、主要设备运行状况等做好检查记录并按照交流特高压输变电工程等有关标准,对建设单位的工艺过程或施工工序进行检查和记录,发现问题及时指出并向专业监理工程师报告。此外还应认真做好监理日记和有关的监理记录。

4 属地管理工作任务

本部分是按照工程前期阶段、工程设计与施工准备阶段、工程建设阶段、工程竣工决算与后评价阶段四个阶段分别阐述各个阶段所涉及的工作任务。根据每个阶段工作任务的性质，总结出具体工作流程，以及办理该项工作的具体要求和所需材料。

4.1 工程前期阶段

4.1.1 可研相关协议办理

配合设计单位实地勘测线路路径及变电站周边地形；设计单位提供交流特高压工程项目地形图、线路路径图及相关文件资料；属地公司协助设计单位取得国土资源、规划、环保、水利、林业、矿产资源、铁路、公路、文物、市政、通信、气象、地震、国防科技及涉及乡镇村等部门的意见，作为编制项目可行性研究报告的主要依据。

属地公司要统筹考虑项目所在地的建设环境、规范管理要求等因素，提出合理意见和建议。

4.1.2 项目选址意见书办理工作流程

4.1.2.1 工作内容及要求

依据《中华人民共和国城乡规划法》，国家审批、核准的大中型和限额以上的建设项目及省发展改革部门审批或核准的建设项目，由所在地市、县人民政府城市规划行政主管部门提出审查意见后，报省住房和城乡建设厅核发项目选址意见书。

4.1.2.2 所需材料

(1)建设行政许可申请书；

(2)《××省建设项目选址意见申请表》(需带条形码)；

(3)批准类建设项目的项目建议书批准文件以及项目可行性研究报告，核准类建设项目的拟报批的项目申请报告及核准部门支持性文件；

(4)由项目所在地城乡规划主管部门提供标出项目拟选用地位置的城市(乡)总体规划用地布局图和初审意见，加盖城乡规划主管部门公章予以确认；

(5)标明建设项目拟选位置的地形图(采用北京54、西安80、2000国家大地坐标系)，加盖项目所在地县(市)、设区市城乡规划主管部门公章，并附地形图电子文档光盘。其中建设项目选址意见申请表中A类建设项目的地形图需涵盖与建设项目相邻的道路、市政基础设施，比例尺一般采用1∶1000或1∶2000；建设项目选址意见申请表中B类建设项目的地形图需涵盖线路路径附近村庄、城镇及地质灾害区、风景名胜区等限制建设区范围，比例尺根据项目情况自行确定，原则上不低于1∶20000；

(6)使用拟选址用地，对城市安全、周边环境等可能产生不利影响的建设项目(如500kV及以上输变电工程，跨区域的输油、输气管线工程等)，应附建设项目选址论证报告。规划选址论证报告应由具有相应城乡规划编制资质的单位编制；

(7)涉及公共安全、交通、水利、文物、风景名胜区等的建设项目，需提供相关部门意见及图纸。

上述材料依顺序胶装成册，一式两份。

4.1.2.3　工作流程(见图3)

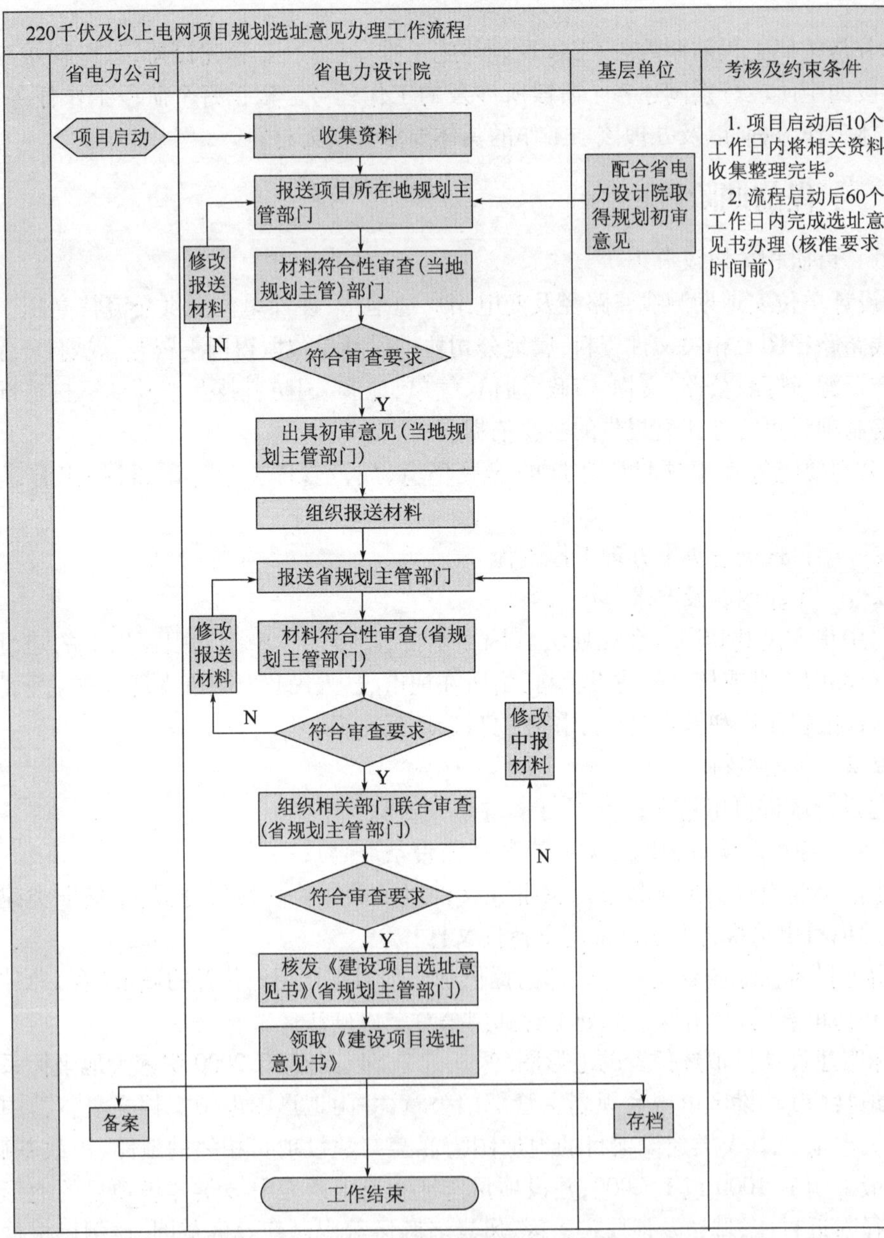

图3　交流特高压输变电工程规划选址意见办理工作流程

4.1.3　建设项目用地预审

4.1.3.1　工作内容及要求

依据《国家电网公司特高压及跨区交流电网工程建设管理办法(试行)》,建设项目用地预审由国家电网公司总部交流部负责组织专题评估并取得国家级支持性文件(建设项目用地实行分级预审,并由与项目核准机关同级的国土资源管理部门预审)。

对选址符合规划的地块,用地单位按照项目进展情况提出预审申请,经下一级国土资源管理部门初审后,报有批准权的国土资源管理部门进行预审。

4.1.3.2 所需材料

(1)建设项目用地预审申请表;

(2)建设项目用地预审申请报告,内容包括拟建项目的基本情况、拟选址占地情况、拟用地是否符合土地利用总体规划、拟用地面积是否符合土地使用标准、拟用地是否符合供地政策等;

(3)审批项目建议书的建设项目提供项目建议书批复文件,直接审批可行性研究报告或者需核准的建设项目提供建设项目列入相关规划或者产业政策的文件。

4.1.3.3 工作流程(见图4)

4.1.4 地震安全性评价意见办理

4.1.4.1 工作内容及要求

按照国务院《中华人民共和国防震减灾法》和《地震安全性评价管理条例》要求,交流特高压输变电站工程必须开展地震安全性评价,可由属地公司委托具有相关资质的单位办理。属地公司应提供发展改革委员会关于电网项目开展前期工作的意见、可研审查意见等资料。

4.1.4.2 所需材料

(1)建设工程地震安全性评价结果审定及抗震设防要求确定行政许可申请表;

(2)地震安全性评价报告(具有地震评价报告编制资质的公司或单位);

(3)承担地震安全性评价编制的公司或单位的资质证书(复印件);

(4)承担地震安全性评价工作的公司或单位受工程建设单位委托提出申请的,应当提供建设单位签署的委托书。

4.1.4.3 工作流程(见图5)

4.1.5 节能评估手续办理

4.1.5.1 工作内容及要求

按照《中华人民共和国节约能源法》,在工程前期阶段交流特高压输变电工程应开展节能评估。可由属地公司委托具有相关资质的单位办理,形成节能评估报告。不符合条件的,项目不得开工建设。属地公司应提供国家发展改革委员会关于电网项目开展前期工作的批复、可研审查意见等资料。评估报告编制单位应及时将审批后的相关材料提供给属地公司,属地公司相关管理机构凭《建设项目节能评估说明书》(审定稿)及专家审查结果办理后续相关手续。

4.1.5.2 所需材料

(1)项目建设单位的详细介绍;

(2)项目的详细介绍;

(3)项目工程设计方案(包括总平图、建筑方案、工艺流程、设备清单等);

(4)项目所在地市、县近两年GDP总量和生产总值能耗;

(5)项目所在地市政设施情况,包括水(上水、排水、雨水、中水)、暖、电、气、电信等方面的实情;

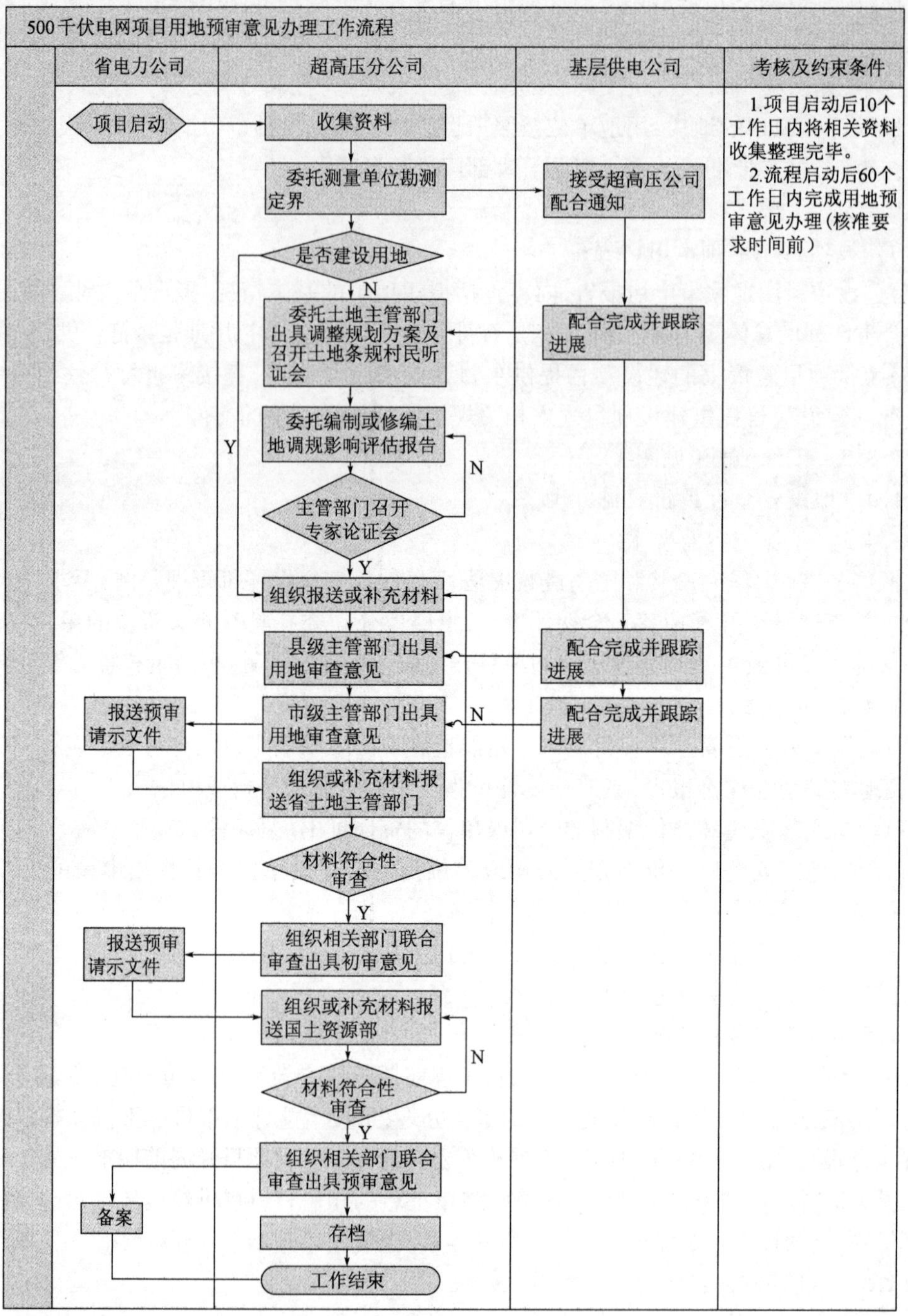

图4　交流特高压输变电工程用地预审意见办理工作流程图

(6)用能设备清单,设备能耗说明等资料;

(7)使用方案:包括暖通、给排水、建筑、电气等;

(8)项目建成后各系统监测、管理说明;

(9)项目可行性研究报告。

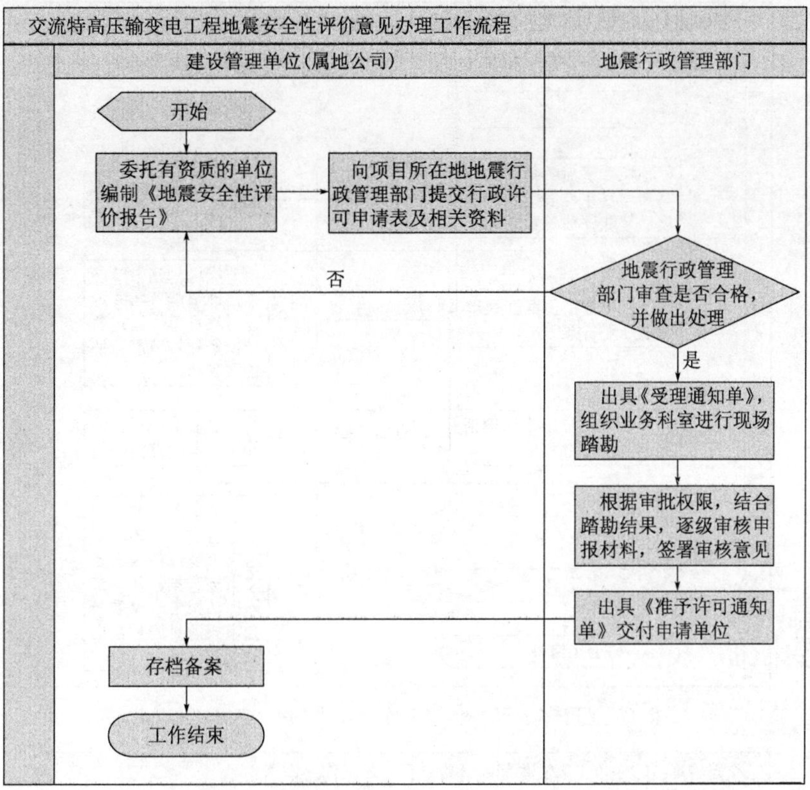

图5 交流特高压输变电工程地震安全性评价意见办理工作流程

4.1.5.3 工作流程(见图6)

4.1.6 文物影响评价意见办理

4.1.6.1 工作要求及内容

按照《中华人民共和国文物保护法》规定,建设单位应当事先委托有相关资质的单位会同文物行政管理部门,在工程范围内有可能埋藏文物的地方进行文物调查、勘探,并编制文物影响评价报告。属地公司应提供发展改革委员会关于电网项目开展前期工作的意见、可研审查意见等资料。

4.1.6.2 所需材料

(1)建设单位书面申请;

(2)文物影响评价报告(有相关发掘资质的单位);

(3)建筑设计总平面图(2份);

(4)设计方案红线图(2份);

(5)项目中标通知书;

(6)建设单位组织机构代码证复印件;

(7)有代理人办理的,需要授权委托书、法人身份证复印件、代理人身份证复印件。

4.1.6.3 工作流程(见图7)

4.1.7 地质灾害危险性评估的办理

4.1.7.1 工作内容及要求

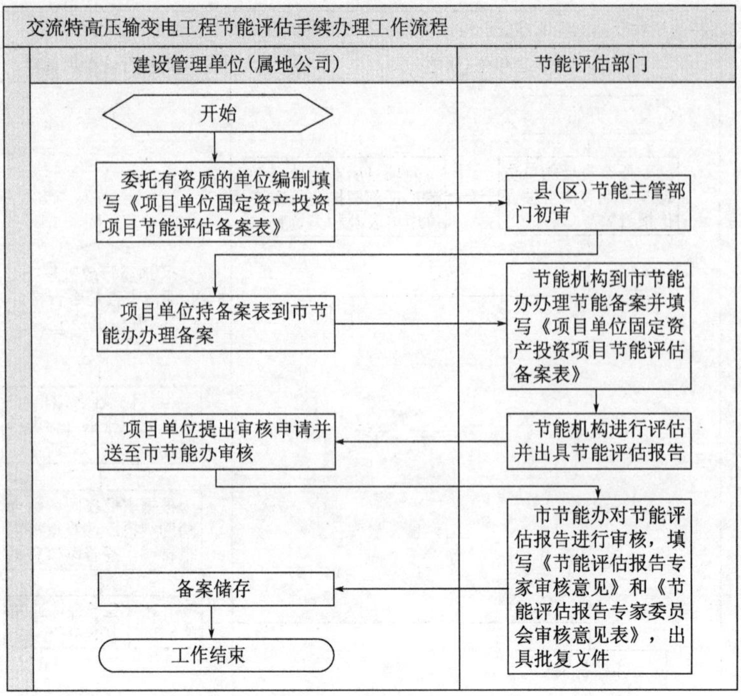

图6　交流特高压输变电工程节能评估手续办理工作流程

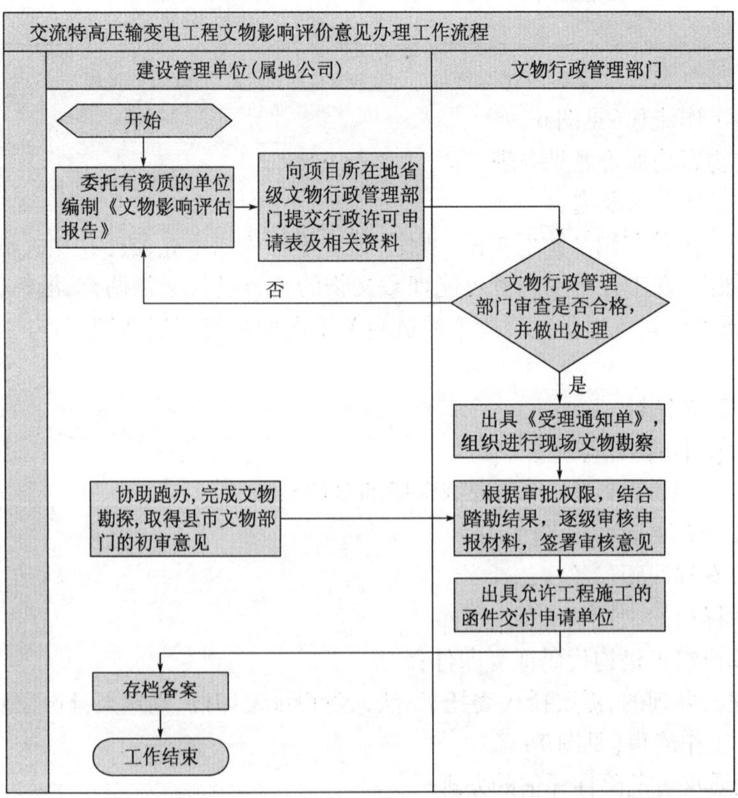

图7　交流特高压输变电工程文物影响评价意见办理工作流程

按照《地质灾害防治条例》，在工程前期阶段，交流特高压输变电工程应开展地质灾害危险性评估。可由属地公司委托具有相关资质的单位办理，形成地质灾害危险性评估报告，不符合条件的，土地行政主管部门不予办理建设用地审批手续。属地公司应提供国家发展改革委员会关于电网项目开展前期工作的批复、可研审查意见等资料。审批后，评估报告编制单位应及时将相关材料提供给项目建设单位，属地公司凭《建设项目地质灾害危险性评估说明书》（审定稿）及专家审查结果办理后续相关手续。

4.1.7.2　所需材料

（1）建设项目地质灾害危险性评估说明书（审定稿）；

（2）地质灾害危险性评估报告备案登记表；

（3）地质灾害危险性评估报告专家评审意见；

（4）评估单位资质等级证书（复印件加盖单位公章）；

（5）建设项目地质灾害危险性评估工作大纲；

（6）评估合同（复印件加盖单位公章）；

（7）建设项目地质灾害危险性评估报告内部审查意见（内部专家签字并加盖单位公章）；

（8）《地质灾害危险性评估说明书》会审会专家组名单；

（9）地质灾害危险性评估登记表；

（10）《地质灾害危险性评估说明书》修改说明；

（11）《地质灾害危险性评估说明书》相关附图；

（12）评估报告光盘。

以上申请材料一式两份。

4.1.7.3　工作流程（见图8）

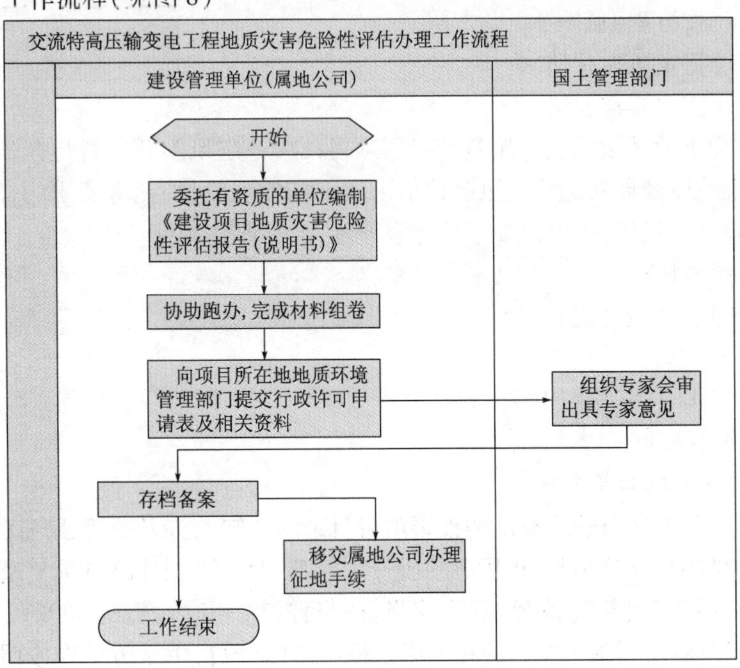

图8　交流特高压输变电工程地质灾害危险性评估办理工作流程

4.1.8 压覆矿产资源调查报告办理

4.1.8.1 工作内容及要求

按照《中华人民共和国矿产资源法》、国土资源部《关于规范建设项目压覆矿产资源审批工作的通知》要求，在工程前期阶段，交流特高压工程应开展压覆矿产资源调查工作，可由属地公司委托有地质勘查资质的单位对拟建工程所在区域内的矿产资源分布、矿业权设立和矿产开采情况进行调查，编制建设项目压覆矿产资源情况调查报告，评估结果由市级及以上国土（地质矿产）管理部门认定，不符合条件的不予办理建设用地审批手续。属地公司应提供国家发展改革委员会关于电网项目开展前期工作的批复、可研审查意见、委托开展电网项目前期工作的委托函等资料。压覆重要矿产资源的，进行备案、登记并上报国土资源行政管理部门批准（根据压覆情况报相应级别国土资源部门审批）；压覆非重要矿产资源的，进行备案、登记和批复。没有压覆矿产资源的，进行备案和复函。

压覆矿产资源经国土（地质矿产）管理部门批准后，国土（地质矿产）管理部门不再受理对该矿产资源储量的采矿权和探矿权登记申请，经批准可压覆矿产资源的建设项目，在其范围内有矿业权的，应按国家有关规定，由属地公司与矿业权人签订补偿协议并报批准压覆的部门备案。

4.1.8.2 所需材料

(1)属地公司提出对建设项目压覆矿产资源情况调查审查的申请；

(2)属地公司委托有资质的地质勘查单位开展建设项目压覆矿产资源情况调查委托书；

(3)地质勘查单位对编制的建设项目压覆矿产资源情况调查报告的承诺书；

(4)若存在压覆矿产资源还应提交压覆矿产资源储量登记书。

4.1.8.3 工作流程(见图 9)

4.1.9 社会稳定风险评估

4.1.9.1 工作内容与方法

依据《国家发展改革委重大固定资产投资项目社会稳定风险评估暂行办法》，交流特高压输变电工程核准前应开展社会稳定风险评估工作，由属地公司委托有资质的咨询单位编写项目社会稳定风险分析报告，省发改委组织专家评审，出具评估意见。

4.1.9.2 所需材料

(1)开展前期工作的意见；

(2)项目可研报告。

4.1.9.3 工作流程(见图 10)

4.1.10 项目核准

4.1.10.1 工作内容及要求

依据《国务院关于发布政府核准的投资项目目录的通知》，涉及跨境、跨省（区、市）输电的500kV、750kV、1000kV 交流项目，由国务院投资主管部门核准，其中 ±800kV 及以上直流项目和 1000kV 交流项目报国务院备案；不涉及跨境、跨省（区、市）输电的 500kV、750kV、1000kV 交流项目由省级政府按照国家制定的相关规划核准，其余项目由地方政府按照国家制定的相关规划核准。

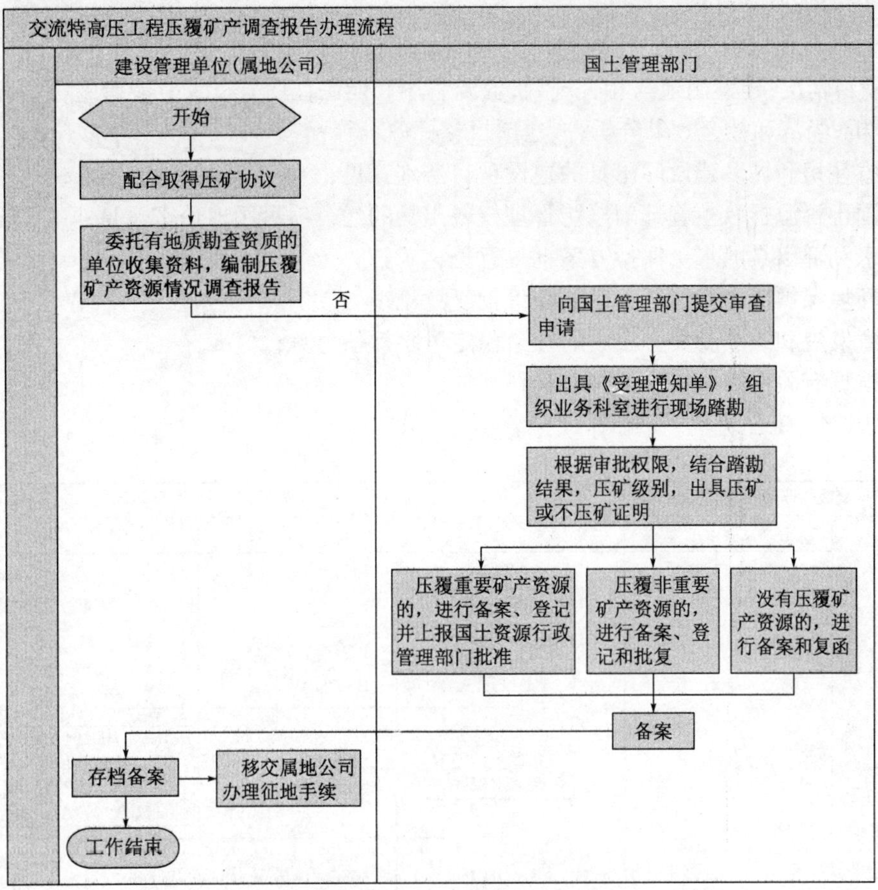

图9　交流特高压工程压覆矿产调查报告办理流程

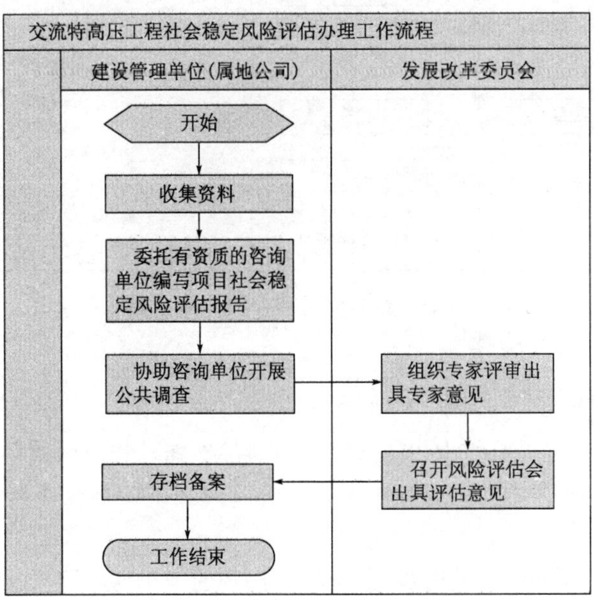

图10　交流特高压工程社会稳定风险评估办理工作流程

4.1.10.2　所需材料

(1)由具有相应资质的工程咨询机构编制的项目申请报告。内容包括:项目申报单位情况;拟建项目情况;建设用地与相关规划;资源利用和能源耗用分析及节能措施等情况;生态环境影响分析;经济和社会效果分析;拟建项目招标内容等;

(2)省住房和城乡建设厅出具的建设项目选址意见;

(3)国土资源行政主管部门按照管理权限出具的建设项目用地预审意见;

(4)水利部出具的水土保持方案批复意见;

(5)环境保护部出具的环境影响评价批复意见;

(6)省发展和改革委员会出具的社会稳定风险评估意见;

(7)根据有关规定应提供的其他材料。

4.1.10.3　工作流程　(见图11)

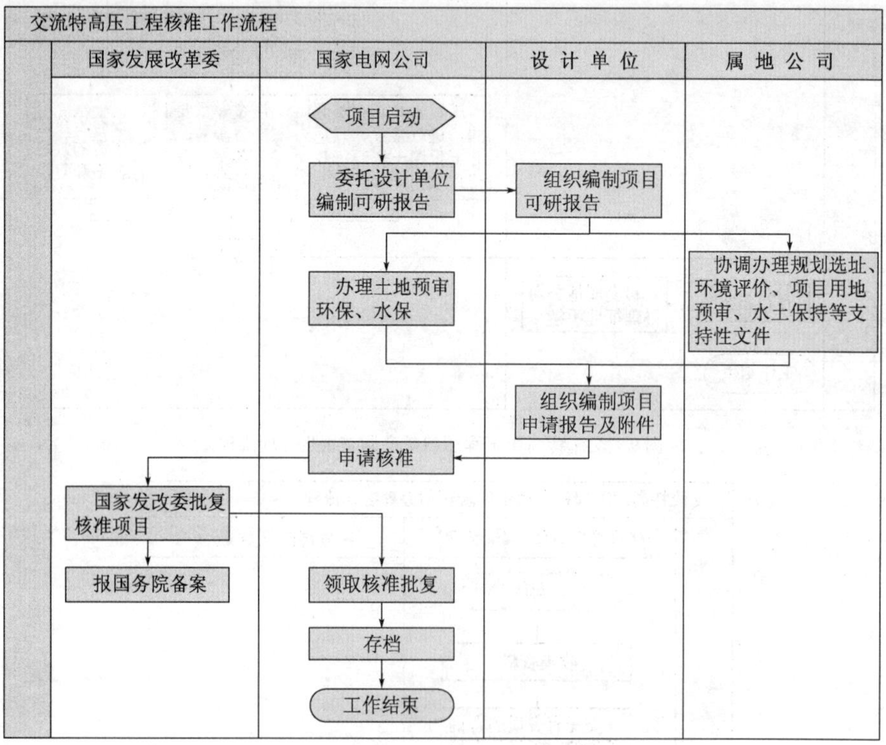

图11　交流特高压工程核准工作流程

4.2　工程设计与施工准备阶段

4.2.1　属地公司应促请省、市、县、乡政府及村委会建立相应协调机构,明确各级责任人,专项配合开展工程设计与施工准备阶段、工程建设阶段和工程决算与后评价阶段全过程属地协调工作。

4.2.2　属地公司应加强与政府规划、土地部门沟通协调,办理建设用地规划许可证、国有土地使用权证、建设工程规划许可证、施工许可证、消防设计审核意见书等工程开工前需取得的支撑性文件。

4.2.3 属地公司应指导下级公司配合设计单位完成变电站站址、线路有关的勘探、定位、定界等相关管理工作，采集沿线地上设施信息，并留存影像资料，逐基、逐档填写线路工程通道信息统计表、塔基信息统计表（见附录A），收集补偿信息，为概算计列相关费用提供依据。

4.2.4 初设相关协议办理

依据工程线路路径图、变电站站址地形图等资料，属地公司配合设计单位取得工程沿线省、市、县、乡等各级政府及国土、规划、环保、水利、林业、矿产、铁路、公路、文物、市政、通信、气象、地震、国防等相关部门同意路径方案的意见，作为编制初步设计的主要依据。

4.2.5 防洪影响评估

4.2.5.1 工作内容及要求

依据《中华人民共和国水法》《中华人民共和国防洪法》《河道管理范围内建设项目管理的有关规定》要求，交流特高压工程涉及建设跨河、穿河、穿堤、临河的桥梁、码头、道路、渡口、管道、缆线、取水、排水等工程设施，应当符合防洪标准、岸线规划、航运要求和其他技术要求，并经水行政主管部门对工程设施建设的位置和界限审查批准后，方可办理开工手续。

4.2.5.2 所需材料

（1）建设单位书面申请，行政许可事项申请表；

（2）由具有相应资质单位编制的项目防洪影响评价报告；

（3）防洪影响评价报告专家审查意见；

（4）防洪影响评价报告编制单位资质证明。

4.2.5.3 工作流程（见图12）

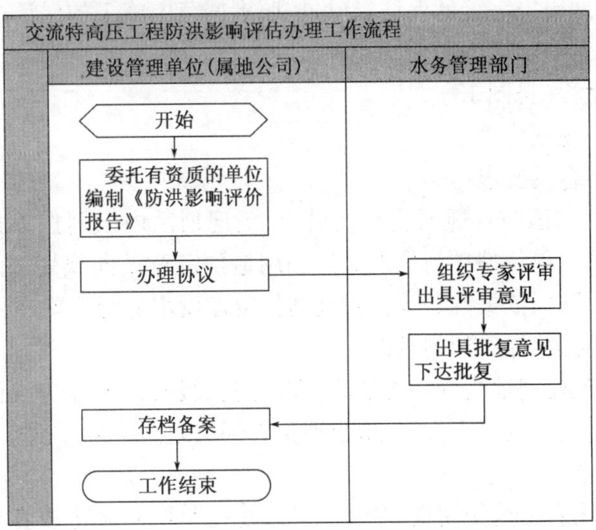

图12 交流特高压工程防洪影响评估办理工作流程

4.2.6 先行用地手续办理

4.2.6.1 工作要求及内容

依据《国土资源部关于进一步改进建设用地审查报批工作提高审批效率有关问题的通知》，对于已通过用地预审、项目核准并完成初步设计的国家重点建设项目，属于控制工期的单体工程，以及因工期紧或受季节影响确需动工建设的其他工程，可向国土部申请办理先行用地。申请用地时，必须说明拟用地符合预审要求和土地使用标准，权属清楚，地类、面积准确；涉及征收农村集体土地的，征地补偿安置应征得农民同意并确保补偿及时、足额支付到位。

由属地公司管理机构向所在县、市国土资源管理部门提出申请，经国土资源管理部门审查同意后，逐级上报。项目用地由国务院批准的，由省国土资源管理部门会同省发改委提出先行用地申请，报国土资源部审查同意后，可以先行用地。

4.2.6.2　所需材料

（1）建设项目用地单位先行用地的申请报告；

（2）建设项目批准、核准或备案的文件；

（3）建设项目可研报告及批复，初步设计批复；

（4）建设单位有关资质证明（营业执照、组织机构代码证、法人身份证复印件）；

（5）国土资源部出具的建设用地预审意见及建设用地预审申请表；

（6）建设项目选址意见书或规划设计条件；

（7）建设管理单位拨付征地补偿费用的凭证、被征地村委会和群众对征地补偿标准和安置途径的意见；动工前将征地补偿费发放到被征地村委会和群众的承诺；

（8）标明用地位置的征地红线图、土地利用现状图、规划图或勘测定界技术报告，申请先行用地的工程位置示意图（附电子版）；

（9）地质灾害危险性评估报告和压覆矿产调查评价报告；

（10）有关正式报批手续的承诺书（用地单位承诺的主要内容包括：先行用地批准后6个月内依法上报正式用地申报手续的保证；严格按照批准范围施工的保证；不按承诺及时兑现各项补偿和依法上缴的费用承担的责任等）。

4.2.6.3　工作流程（见图13）

4.2.7　建设用地规划许可

4.2.7.1　工作内容及要求

依据《中华人民共和国城乡规划法》，在城市、镇规划区内以划拨方式提供国有土地使用权的建设项目，建设管理单位持项目核准文件和用地预审意见向规划部门提出建设用地规划许可申请，由规划主管部门依据控制性详细规划核定建设用地的位置、面积、允许建设的范围，核发建设用地规划许可证，提供规划条件。

建设单位在取得建设用地规划许可证后，方可向县级及以上地方人民政府土地主管部门申请用地，经县级以上人民政府审批后，由土地主管部门划拨土地。

4.2.7.2　所需材料

以划拨方式提供国有土地使用权的建设项目，建设单位向城市或者县人民政府城乡规划主管部门申请办理建设用地规划许可证，应当提交下列材料：

（1）建设用地规划许可申请；

（2）建设项目批准或者核准、备案文件；

（3）标示拟用地范围的1∶1000或1∶500现状地形图；

（4）法律、行政法规规定的其他材料。

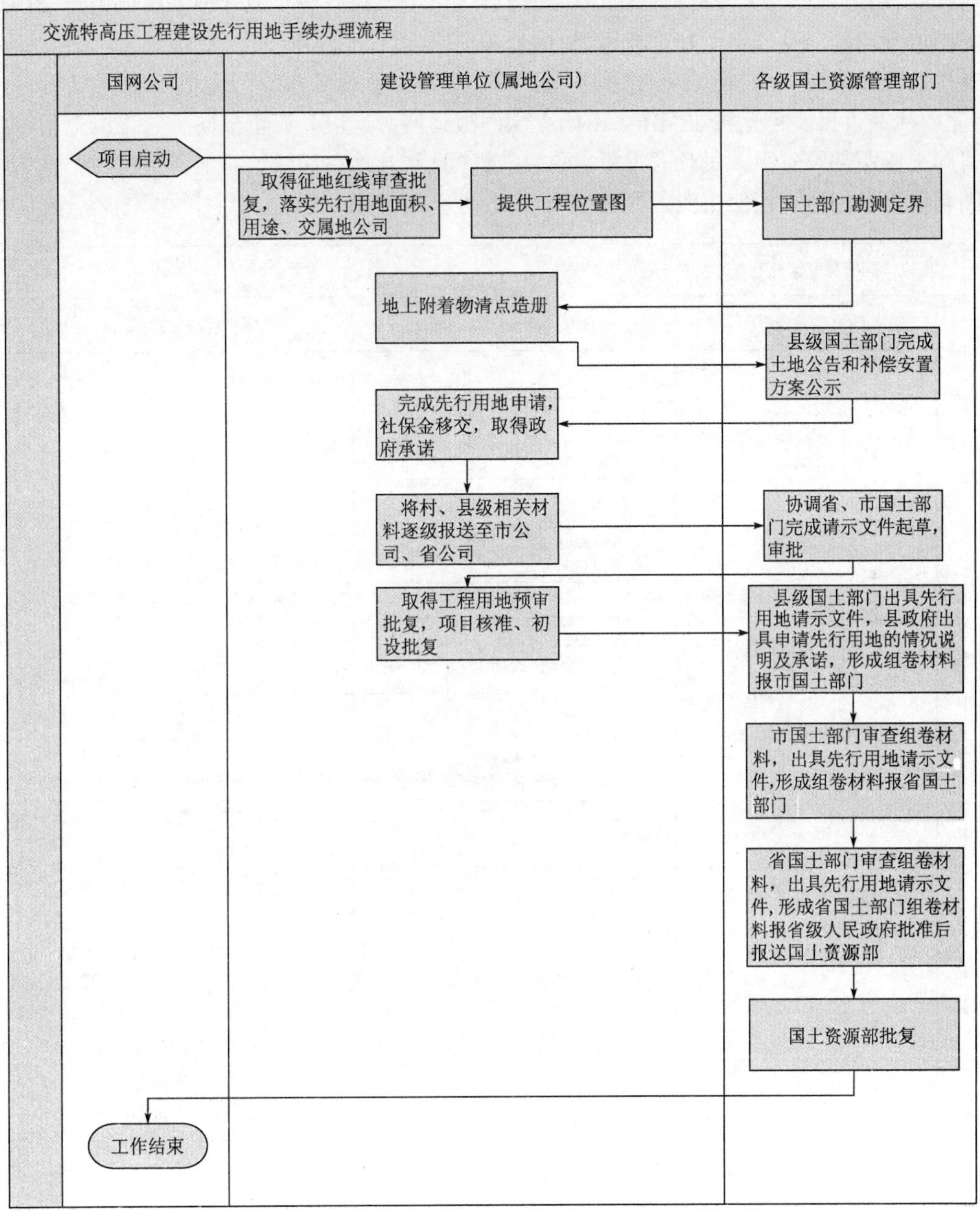

图13　交流特高压工程建设先行用地手续办理流程

4.2.7.3　工作流程(见图14)

4.2.8　国有土地使用权证办理

4.2.8.1　工作内容及要求

依据《中华人民共和国土地管理法》《土地管理法实施条例》《土地登记办法》和《建设用地审查报批管理办法》,交流特高压变电站工程项目用地为划拨用地,应符合土地利用总体规划、供地政策、土地使用标准等用地条件,并办理国有土地使用权证。属地公司应持项目核准、可研批复、用地预审意见等资料向土地所在地县级以上人民政府土地管理部门申请建设用地。县级国土管理部门受理申请并审查后，属地公司应立即配合县国土局开展征地工作，包括促成召开村民代表大会，完成征地告知书、听证回执、编制“一书四方案”，完成征地协议签订、补偿，完成社保审批及补充耕地工作。由国土部门报请同级人民政府审核同意后逐级上报审批，取得国土资源部及省级人民政府批复意见，凭此意见到县地税局缴纳耕地占用税，到县财政局缴纳新增建设用地有偿使用费，县国土局予以办理土地使用权证。

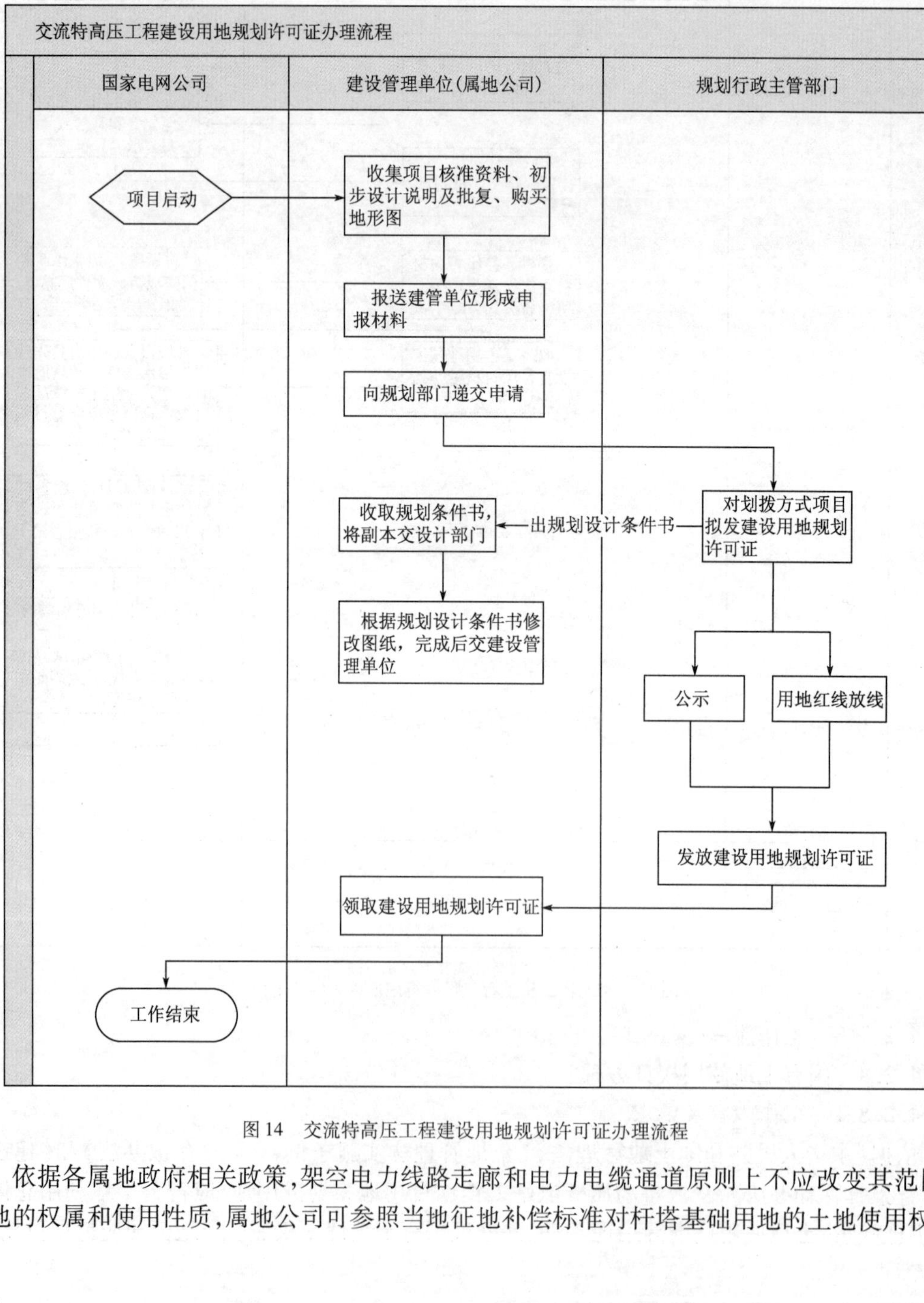

图14　交流特高压工程建设用地规划许可证办理流程

依据各属地政府相关政策，架空电力线路走廊和电力电缆通道原则上不应改变其范围内土地的权属和使用性质，属地公司可参照当地征地补偿标准对杆塔基础用地的土地使用权人、土地所有权人给予一次性经济补偿;若属地政府规定要求对塔基占地进行征地的,属地公司应按规定办理征地手续。

4.2.8.2 所需材料:

(1)建设单位营业执照及组织机构代码证复印件;

(2)建设单位法人及委托人身份证复印件;

(3)办理土地证授权委托书;

(4)土地勘测定界报告及勘测定界图(卫星定位的电子指标);

(5)经专家评审的规划实施影响评价和占用基本农田论证报告;

(6)建设用地申请表;

(7)建设项目核准文件;

(8)建设项目可行性研究批复和初步设计批复;

(9)未压覆重要矿产资源的评估报告及审查意见;

(10)地质灾害危险性评估备案表;

(11)占用林地审核同意书(涉及占用林地);

(12)涉及土地复垦的,建设单位需提供土地复垦方案报告书(表)及专家论证意见;不涉及土地复垦的,建设单位出具承诺书;

(13)被征地农民社会保障措施呈报认定表(劳动社保单位);

(14)建设项目用地预审意见;

(15)项目总平面布置图;

(16)规划部门批复的选址意见书、建设用地规划许可证及1:2000用地红线图;

(17)项目环评影响报告及环评部门批复;

(18)建设项目功能分区和用地合理性说明;

(19)缴纳的相关费用凭证。

4.2.8.3 工作流程(见图15)

4.2.9 征(占)用林地手续及林木采伐手续办理

4.2.9.1 工作内容及要求

(1)依据《中华人民共和国森林法》和《中华人民共和国森林法实施条例》,电网工程建设需要征(占)用林地的,由用地单位向林地所在县级以上林业主管部门提出用地申请,写明申请的目的、理由、依据和拟使用林地的地点、面积、地类、权属和林分起源,预缴纳森林植被恢复费;林业主管部门接受申请后,组织有资质的林业调查规划设计单位或人员进行林地查验,确认林地面积,提交查验报告;由县、市林业主管部门出具初审意见,逐级上报,经审核同意的,由国家林业局或省级林业主管部门向申请人核发《使用林地审核同意书》;用地单位凭使用林地审核同意书办理建设用地审批手续,未取得使用林地审核同意书的土管部门不受理建设用地申请。

占用或者征收、征用防护林林地或者特种用途林林地面积10公顷以上的,用材林、经济林、薪炭林林地及其采伐迹地面积35公顷以上的,其他林地面积70公顷以上的,由国务院林业主管部门审核;占用或者征收、征用林地面积低于上述规定数量的,由省、自治区、直辖市人民政府林业主管部门审核。占用或者征收、征用重点林区的林地的,由国务院林业主管部门审核。

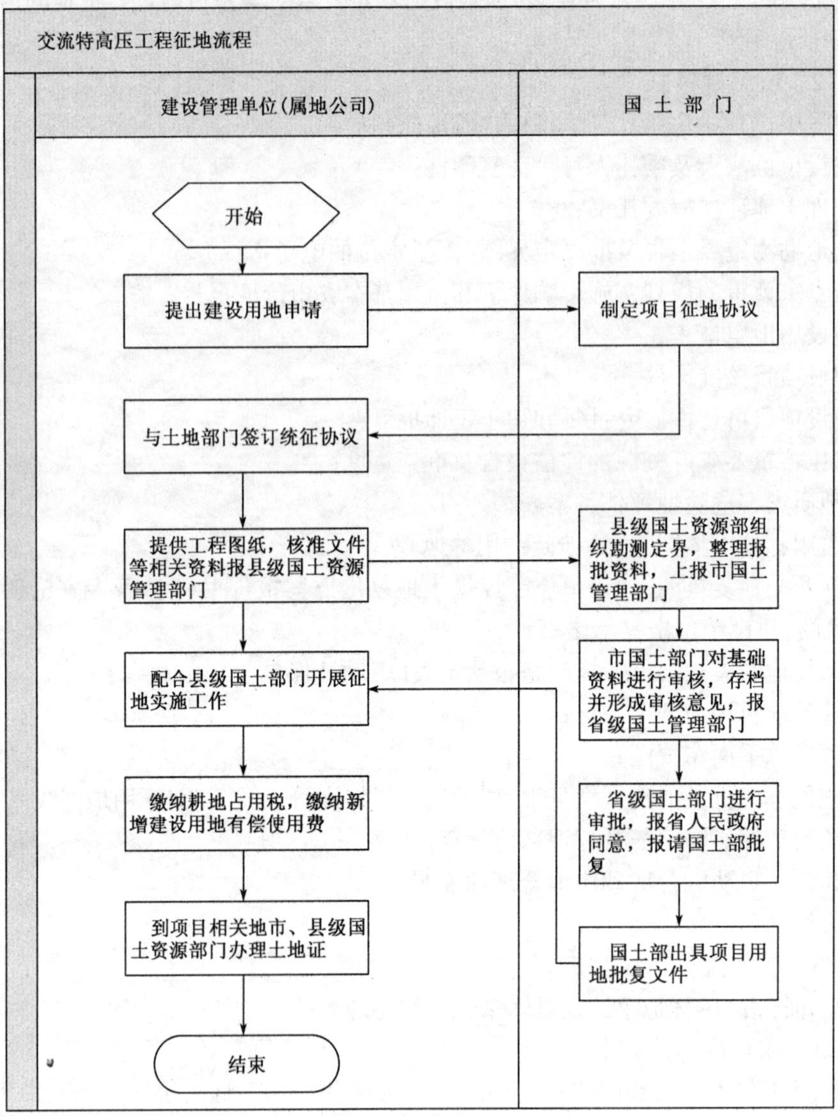

图 15　交流特高压工程征地流程

(2)临时占用林地期限为两年,不得在其上修筑永久性建筑物,并按规定缴纳森林植被恢复费和支付林木补偿费,对林地造成破坏的,应按土地复垦的有关规定进行恢复。

其中临时占用防护林或者特种用途林林地面积 5 公顷以上,其他林地面积 20 公顷以上的,由国务院林业主管部门审批;临时占用防护林或者特种用途林林地面积 5 公顷以下,其他林地面积 10 公顷以上 20 公顷以下的,由省、自治区、直辖市人民政府林业主管部门审批;临时占用除防护林和特种用途林以外的其他林地面积 2 公顷以上 10 公顷以下的,由设区的市和自治州人民政府林业主管部门审批;临时占用除防护林和特种用途林以外的其他林地面积 2 公顷以下的,由县级人民政府林业主管部门审批。

(3)需采伐已经批准征(占)用林地上的林木时,应依据审批权限向林业主管部门申请林木采伐许可证。

4.2.9.2　所需材料

(1)征(占)用或临时占用林地(表1)

占用林地办理资料清单　　表1

申请人提交资料	林业部门提交资料
征(占)用林地单位的法人证明	现场查验报告
使用林地申请表及现场查验表	恢复森林植被措施
项目核准文件及初步设计批复	征收森林植被恢复费收据
被征(占)用林地的权属证明材料	已发生违法占用林地的处理结果报告
项目使用林地可行性报告	
林地、林木补偿协议,安置补助费协议	
县级人民政府统一制定补偿方案	

(2)林木采伐

林木采伐申请文件,包括采伐林木的目的、地点、林种、林况、面积、蓄积量、方式和更新措施等;集体林木采伐有关村民代表会议记录(提供村代会记录);

需采伐林木的所有权证书或者使用权证书;

4.2.9.3　工作流程(见图16)

4.2.10　建设工程规划许可证

4.2.10.1　工作内容及要求

依据《中华人民共和国城乡规划法》,在城市、镇规划区域内进行建筑物、构筑物、道路、管线和其他建设工程的,建设单位或者个人应当向城市、县人民政府城乡规划主管部门或者省、自治区、直辖市确定的镇人民政府提交使用土地的有关证明文件、建设工程设计方案等材料,申请办理建设工程规划许可证;建设工程规划许可证是办理建设工程施工许可证、进行规划验线和验收、房屋产权登记的法定要件,是确认有关建设活动合法的法律凭证。

4.2.10.2　所需材料;

(1)《建设工程规划申请书》;

(2)工程项目立项批复;

(3)建设项目选址意见书、建设用地规划许可证复印件(查看原件);

(4)国有土地使用证复印件(查看原件);

(5)建设项目核准证复印件(查看原件);

(6)审定的1∶500或1∶1000建筑施工总平、立、剖面图两份(须符合国家施工图出图标准,加盖相应资质的单位出图专用章和注册建筑师专用章及电子版图纸一套)和审图报告;

(7)审定的建设工程施工图两套(须符合国家施工图出图标准,加盖相应资质的单位出图专用章和注册建筑师专用章、注册结构师专用章及电子版图纸一套)和审图报告;

(8)项目环境评价报告及批复;

(9)办理《建设工程规划许可证》的法人授权委托书及经办人身份证复印件。

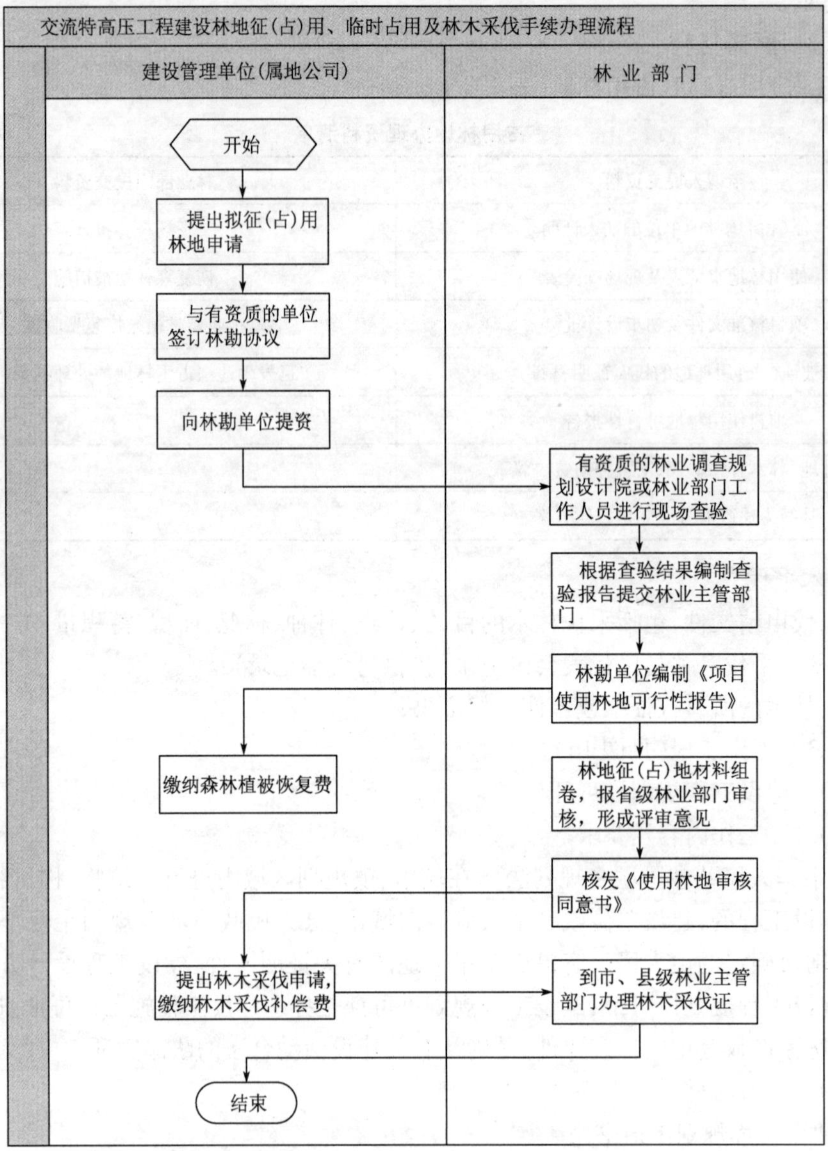

图16 交流特高压工程建设林地征(占)用及林木采伐手续办理流程

4.2.10.3 工作流程(见图17)

4.2.11 消防设计审查

4.2.11.1 工作内容及要求

根据《中华人民共和国消防条例》规定,凡新建、扩建、改建、装修工程和搭建临时工棚、排棚等应由建设管理单位向公安消防部门申请消防设计审核。由建设管理单位填写《建筑设计防火审核申报表》,附送有关图纸,公安消防部门根据“建筑设计防火规范”的要求进行审核。

4.2.11.2 申报材料

(1)建设工程消防设计审核申报表;

(2)建设单位的工商营业执照等合法身份证明文件;

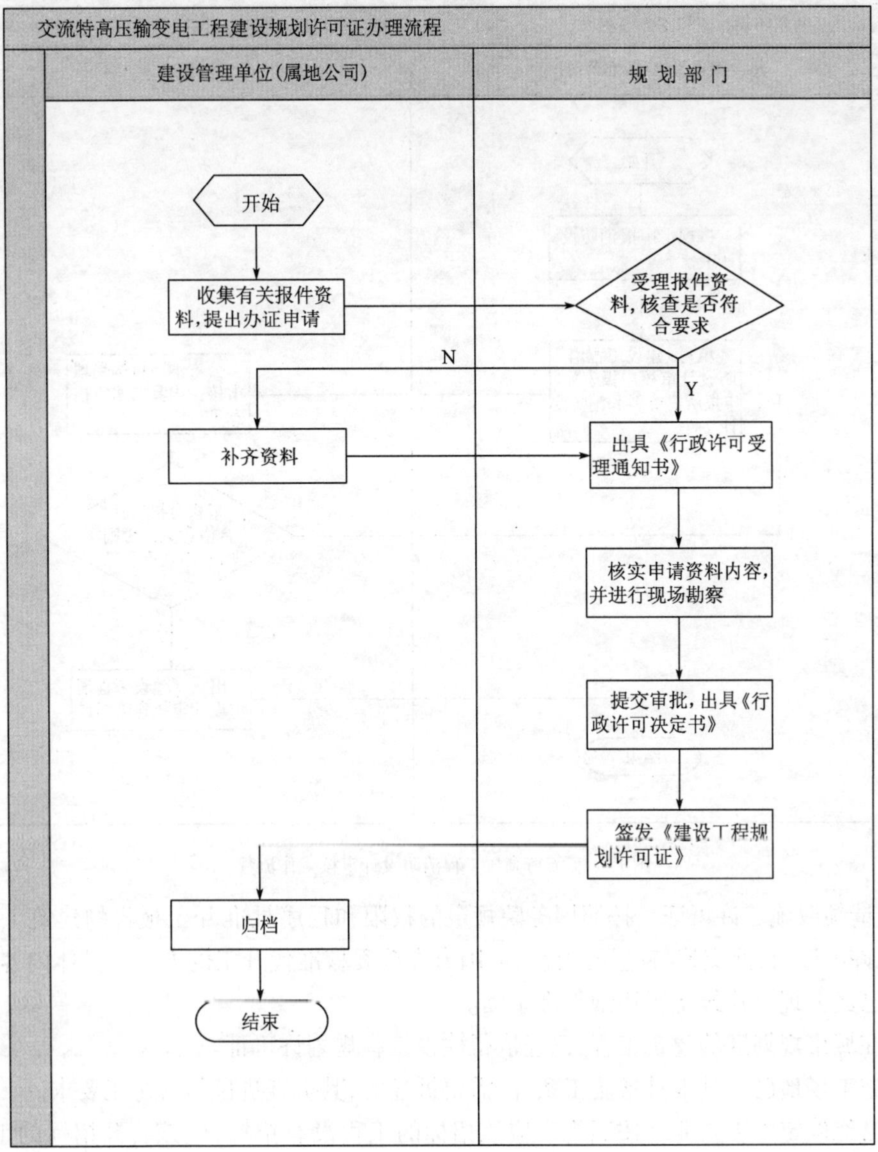

图 17 交流特高压输变电工程建设规划许可证办理流程

(3)新建、扩建工程的建设工程规划许可证明文件;

(4)设计、施工单位资质证明文件;

(5)消防设计文件。

4.2.11.3 工作流程(见图 18)

4.2.12 施工许可证

4.2.12.1 工作内容及要求

根据中华人民共和国建设部《建筑工程施工许可管理办法》规定,境内从事各类房屋建筑及其附属设施的建造、装修装饰和与其配套的线路、管道、设备的安装,以及城镇市政基础设施工程的施工,建设管理单位在开工前应当依法向工程所在地的县级以上人民政府建设行政主

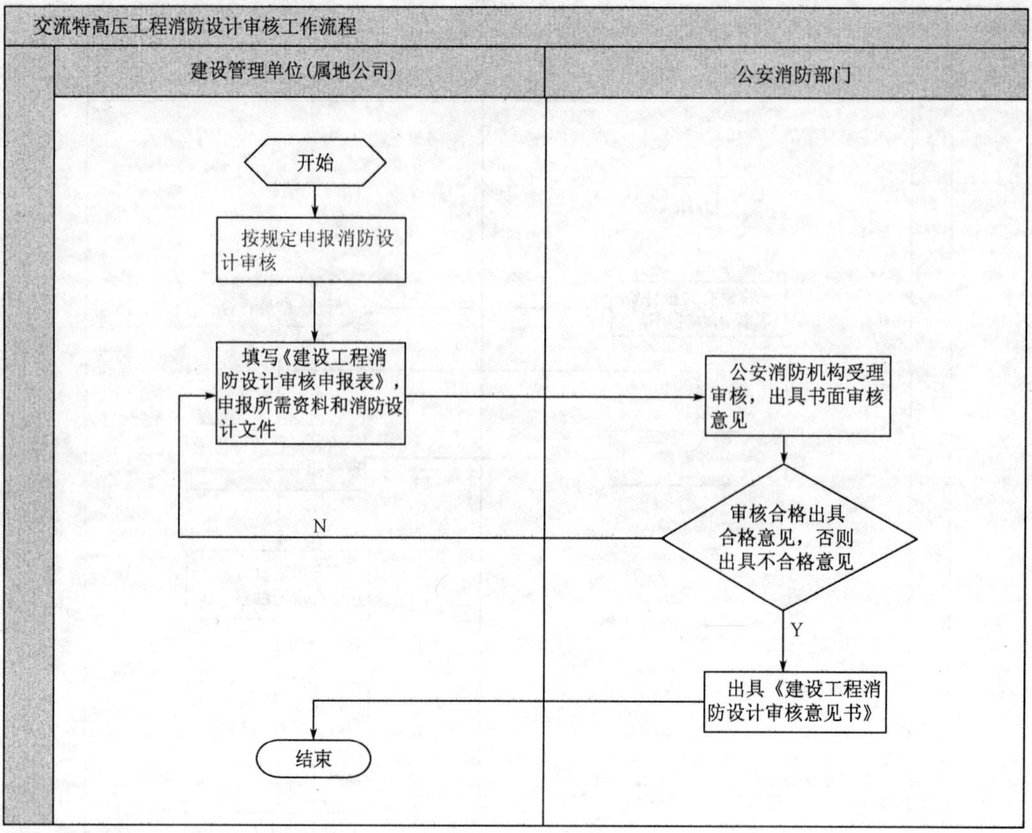

图 18　交流特高压工程消防设计审核工作流程

管部门申请领取施工许可证。按照国务院规定的权限和程序批准开工报告的建筑工程,不再领取施工许可证,目前交流特高压工程采取国家发改委核准代开工的方式。具体内容如下:

(1)已经办理该建筑工程用地批准手续。

(2)在城市规划区的建筑工程,已经取得建设工程规划许可证。

(3)施工场地已经基本具备施工条件,需要拆迁的,其拆迁进度符合施工要求。

(4)已经确定施工企业。按照规定应该招标的工程没有招标,应该公开招标的工程没有公开招标,或者肢解发包工程,以及将工程发包给不具备相应资质条件的,所确定的施工企业无效。

(5)有满足施工需要的施工图纸及技术资料,施工图设计文件已按规定进行了审查。

(6)有保证工程质量和安全的具体措施。施工企业编制的施工组织设计中有根据建筑工程特点制定的相应质量、安全技术措施,专业性较强的工程项目编制的专项质量、安全施工组织设计,并按照规定办理了工程质量监督手续。

(7)按照规定应该委托监理的工程已委托监理。

(8)建设资金已经落实。

(9)法律、行政法规规定的其他条件。

4.2.12.2　所需材料

(1)《建筑工程施工许可证申请表》一式两份；

(2)立项批文和投资许可证；

(3)土地使用权证和建设工程用地许可证；

(4)拆迁许可证或施工现场是否具备施工条件(原件)；

(5)建设工程规划许可证；

(6)中标通知书或洽谈确认单；

(7)建设工程承包合同副本(原件)；

(8)资金证明(原件)；

(9)质量监督申报书；

(10)建设工程开工安全生产条件备案表；

(11)监理合同及监理企业资质证、营业执照、本工程监理人员名单、证书复印件、联系电话或建设单位工程技术人员情况；

(12)施工企业安全生产许可证副本、营业执照副本、资质证书副本、企业主要负责人、现场负责人、现场安全生产专职管理人员的"三类人员"证书原件；

(13)施工组织设计(附项目现场管理人员名册)；

(14)项目经理证及项目经理手册、联系电话；

(15)图纸审查批准书和审查合格全套施工图纸及技术资料(原件)；

(16)建设工程竣工档案承诺书；

(17)安全防护、文明施工措施项目总费用、预付情况和支付计划证明(加盖建设、施工单位公章、原件)；

(18)外地施工(监理)企业提供登记备案表；

(19)提交定额测定费收据复印件；

(20)法律法规所要求提供的其他材料。

4.2.12.3 工作流程(见图19)

4.2.13 环境影响报告书审批手续办理

4.2.13.1 工作内容及要求

根据中华人民共和国国务院令第682号(2017年7月)，建设单位在开工建设前将环境影响报告书报有审批权的环境保护行政主管部门审批；建设项目的环境影响评价文件未依法经审批部门审查或者审查后未予批准的，建设单位不得开工建设。

环境保护行政主管部门审批环境影响报告书，重点审查建设项目的环境可行性、环境影响分析预测评估的可靠性、环境保护措施的有效性、环境影响评价结论的科学性等，并分别自收到环境影响报告书之日起60日内做出审批决定并书面通知建设单位。

4.2.13.2 建设项目环境影响报告书的内容

(1)建设项目概况；

(2)建设项目周围环境现状；

(3)建设项目对环境可能造成影响的分析和预测；

(4)环境保护措施及其经济、技术论证；

(5)环境影响经济损益分析；

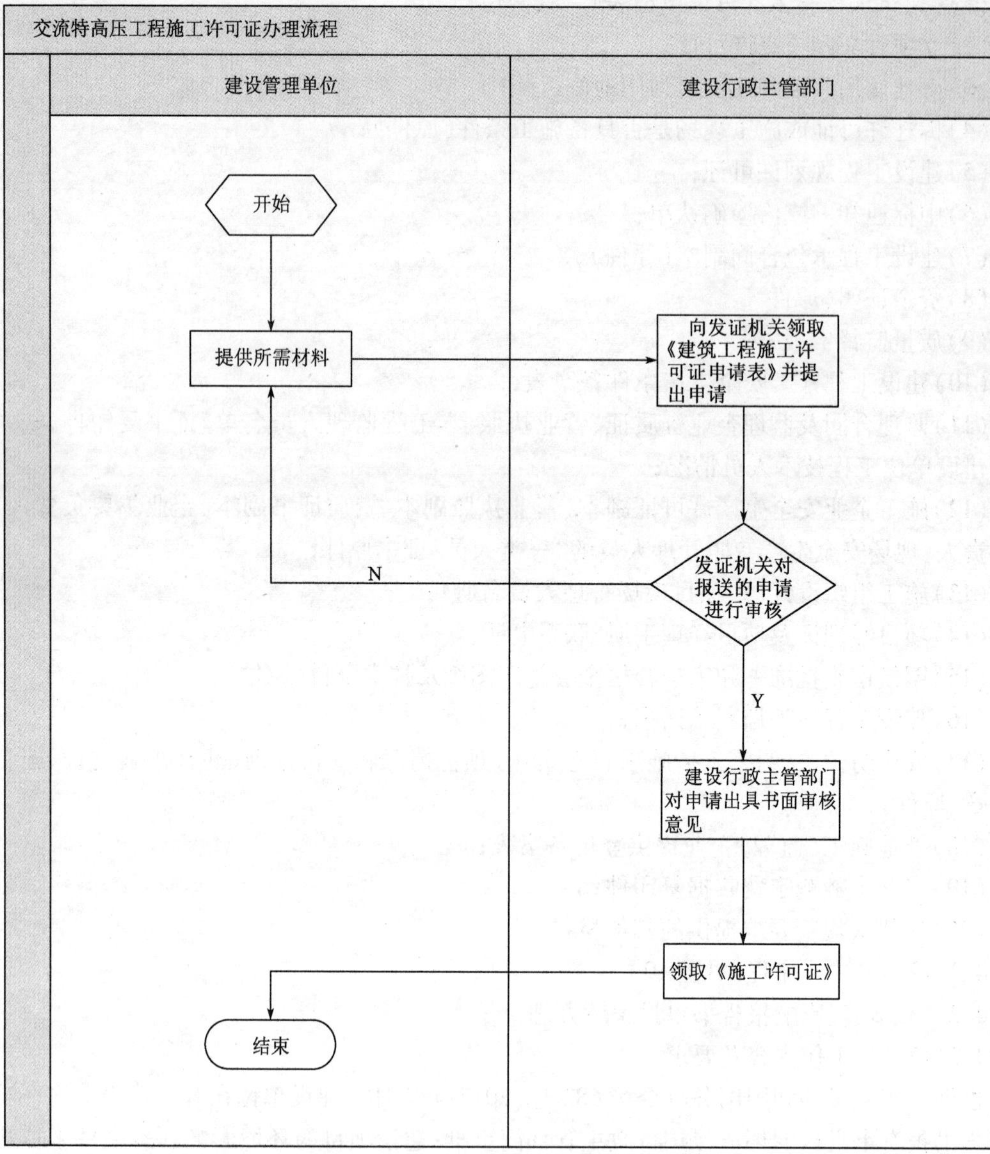

图19　交流特高压工程施工许可证办理流程

(6)对建设项目实施环境监测的建议;

(7)环境影响评价结论。

若通过自然保护区需取得自然保护区管委会同意的文件。

建设项目环境影响报告表的内容和格式,由国务院环境保护行政主管部门规定。

4.2.14　水土保持方案审批办理工作流程

4.2.14.1　工作内容及要求

依据《国家电网公司特高压及跨区交流电网工程建设管理办法(试行)》,水土保持方案审批由国家电网公司总部交流部负责组织专题评估并取得国家级支持性文件(水土保持方案的审批应由与项目审批、核准或备案机关同级的水利部门审批)。

4.2.14.2　所需材料

(1)水土保持方案审批申请文件(一式二份);

(2)水土保持方案报告书(含概估算、设计图件、专家评审意见)。

水土保持方案审批办理资料清单　　表2

<table>
<tr><th>序号</th><th colspan="2">文 件 名 称</th><th>份数</th></tr>
<tr><td>1</td><td colspan="2">发改部门关于同意×××输变电工程前期工作的复函</td><td>2</td></tr>
<tr><td>2</td><td colspan="2">建设单位关于委托开展×××输变电工程前期工作的函</td><td>2</td></tr>
<tr><td>3</td><td colspan="2">×××输变电工程水土保持方案委托书</td><td>2</td></tr>
<tr><td rowspan="7">4</td><td rowspan="7">输变电工程名称</td><td>×××输变电工程变电工程可研报告</td><td>2</td></tr>
<tr><td>×××输变电工程变电工程可研收口报告</td><td>2</td></tr>
<tr><td>×××输变电工程线路工程可研报告</td><td>2</td></tr>
<tr><td>×××输变电工程线路工程可研收口报告</td><td>2</td></tr>
<tr><td>线路工程路径图,铁塔基础一览图</td><td>2</td></tr>
<tr><td>变电站总平面及竖向布置图</td><td>2</td></tr>
<tr><td>变电站址地理位置及征地图</td><td>2</td></tr>
</table>

4.3　工程建设阶段

4.3.1　属地公司应指导下级公司完成与交流特高压工程建设有关的征地、拆迁、林木砍伐、机井封堵、坟墓迁移等工作的赔偿、补偿和施工协调工作。

属地赔偿要坚持“依托政府,提前介入,标准统一、赔偿同步”的工作原则,形成属地公司牵头、当地政府实施、施工单位配合的“三位一体”协同工作体系,有效提高赔偿工作效率,降低工程审计风险,实现大面积区域快速赔偿。

4.3.2　征(占)地及青苗补偿

4.3.2.1　工作内容及要求

(1)征占地原则:变电站永久征地赔偿面积计算标准为设计单位提供的变电站征地红线图;线路塔基永久占地赔偿面积计算标准为铁塔基础立柱外边缘向外外延1m计算面积;对于灌柱桩基础承台埋深不足1.5m的建议按照承台外边缘向外外延1m计算面积。

(2)征占地补偿标准:属地政府依据区片地价并考虑当地实际情况出台征占地及青苗补偿标准。如超出区片地价,可由属地公司与当地县级政府协商后,以会议纪要形式予以确认。

4.3.2.2　工作流程(见图20)

4.3.3　地上附着物清理工作

4.3.3.1　工作内容及要求

(1)本手册所称地上附着物是指影响线路施工、维护及安全运行的树木、青苗、宅基地、坟墓、大棚等。

(2)根据交流特高压线路、变电站运行规程和设计规程及相关通道清理原则,影响新建线路施工、维护、安全运行和因场强超标而可能产生影响的房屋及其他地上附着物,以及其他不满足生产运维要求的地上附着物应清理。

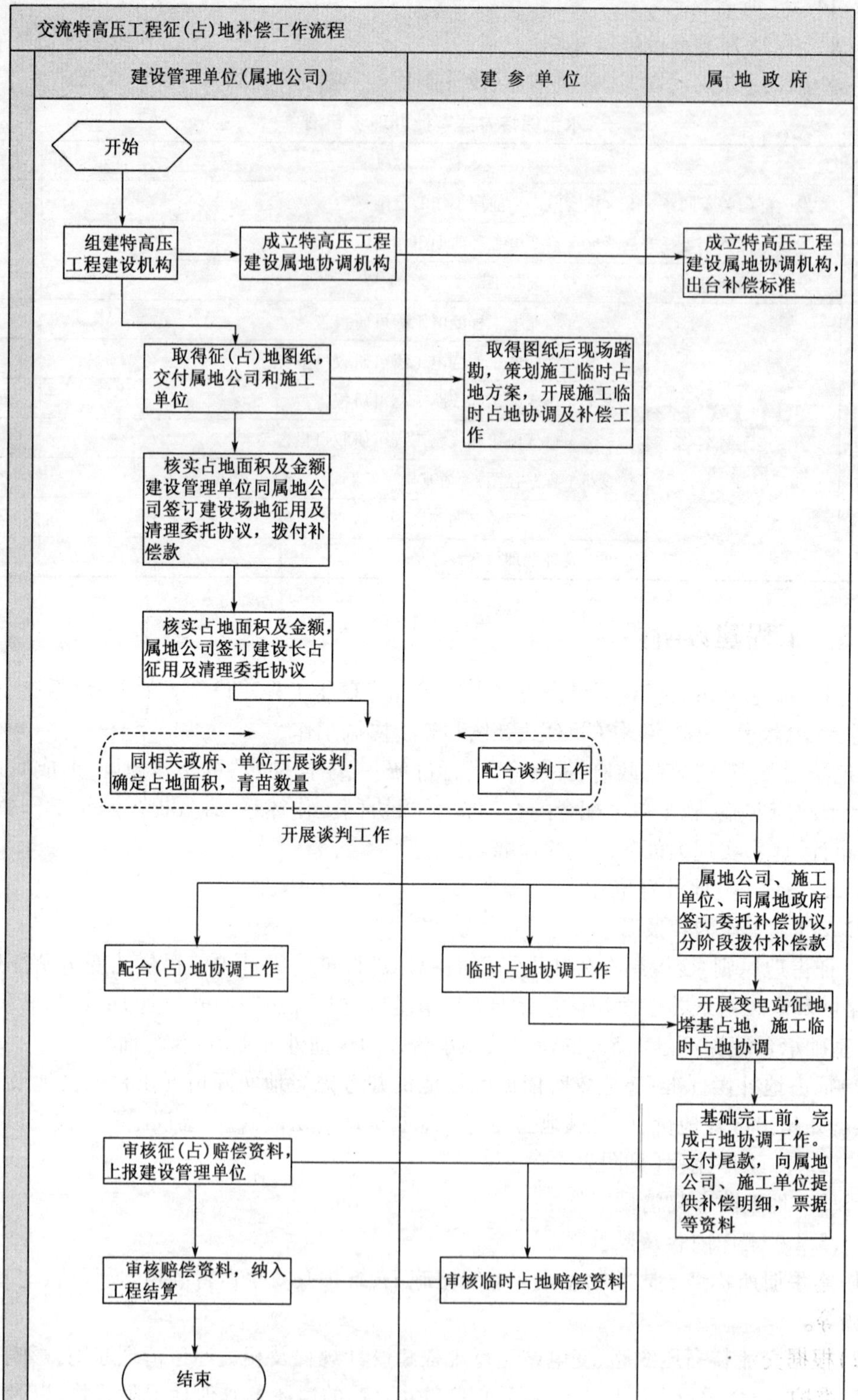

图20　交流特高压工程征(占)地补偿工作流程

(3)地上附着物清理由属地公司、施工单位、政府各相关部门共同实施。

(4)清理补偿标准:地上附着物清理应按照属地政府出台的标准执行或经双方协商确定。

(5)其他:宅基地补偿原则上应提供宅基地证或乡级以上人民政府出具的宅基归属证明。

4.3.3.2　工作流程(见图21)

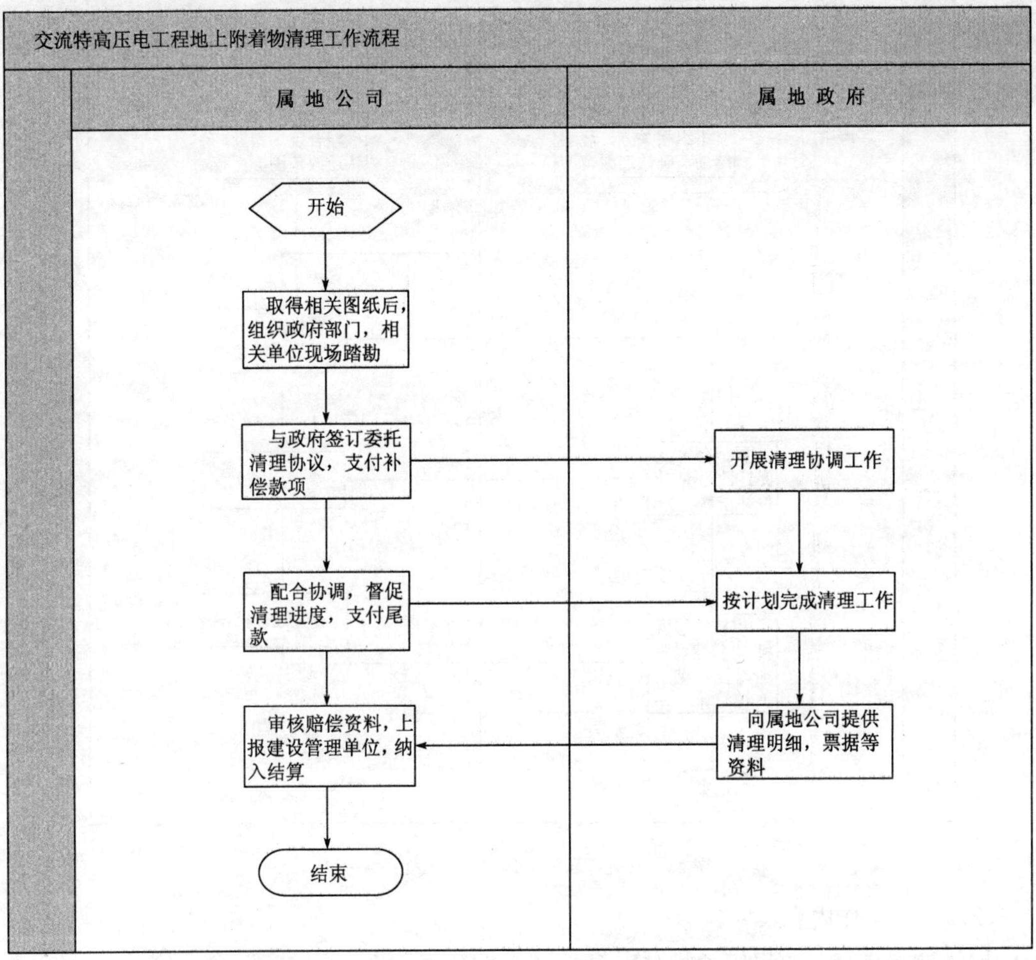

图21　交流特高压电工程地上附着物清理工作流程

4.3.4　三线迁改工作

4.3.4.1　工作内容及要求

(1)现场踏勘:属地公司牵头,交流特高压工程设计、施工、监理单位、"三线"权属人,根据设计图纸到现场确认迁改范围及时间;

(2)签订协议:与"三线"权属人签订迁改协议,确定迁改费用;

(3)电力线,永久道路改迁及防护由产权单位按规定选定有资质的队伍组织实施;二级及以上通信线改迁,由属地公司与资产所有方协商,并签订迁改协议。

4.3.4.2　工作流程(见图22)

4.3.5　大额赔偿项目拆迁工作

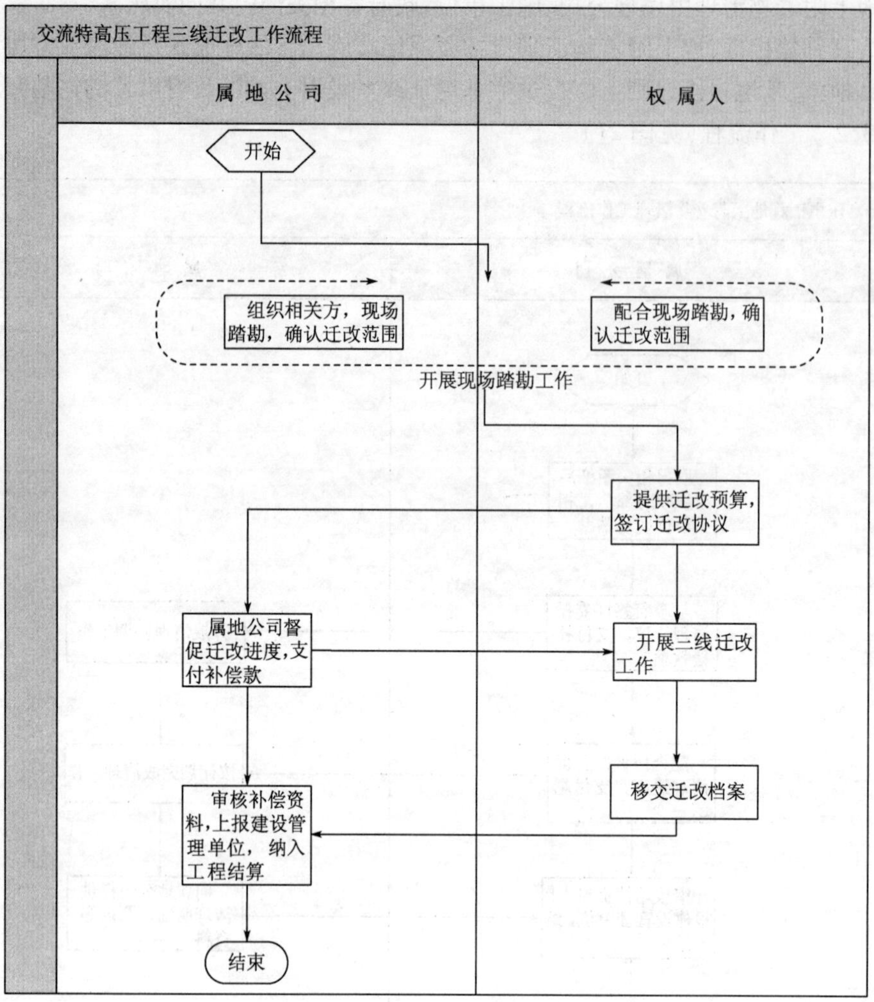

图22　交流特高压工程三线迁改工作流程

4.3.5.1　工作内容及要求

(1)大额赔偿项目应提供经政府相关部门批准的合法经营手续,如:企业资质、营业执照、权属登记证明等。

(2)由乡(镇)政府及以上主管部门牵头,属地公司、施工单位及地方政府有关部门组织实施。

(3)拆迁补偿标准:按照地方政府出台的补偿标准执行。对于标准中未计列或产权人存在异议的情况可经双方协商确定或委托有资质的评估公司出具评估报告。

(4)签订协议:由政府与权属人或属地公司与权属人依据现场核实的拆迁工程量或评估报告签订拆迁协议。

4.3.5.2　工作流程(见图23)

4.3.6　交叉跨越南水北调、公路、铁路、油气管道、通信线等工作

4.3.6.1　跨越工作内容及要求

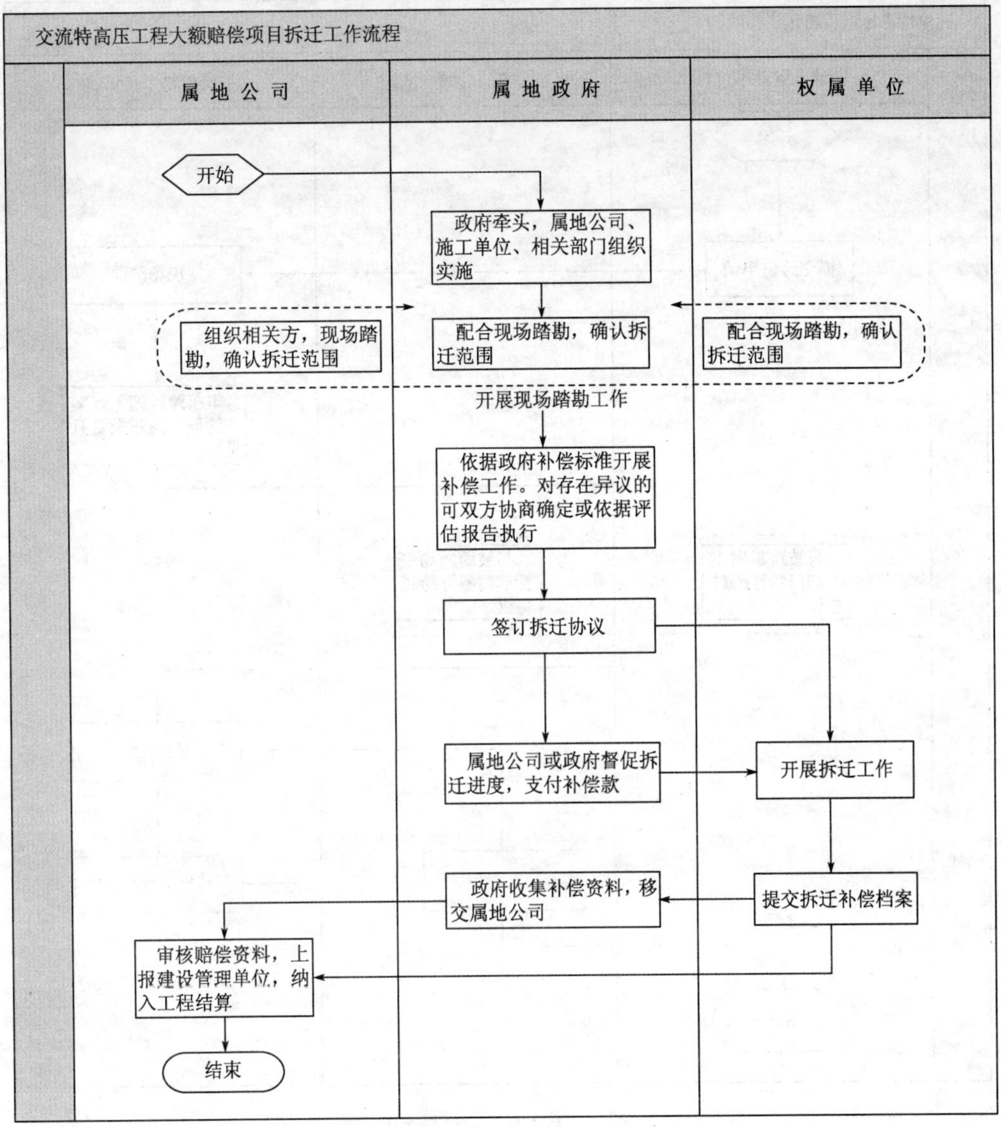

图23　交流特高压工程大额赔偿项目迁移工作流程

(1)提交申请:跨越申请提交给被跨越物主管部门,一般由施工单位提交或建设管理单位打包提交,按照被跨越物主管部门要求提供相关资料。

(2)现场踏勘:组织各方人员现场踏勘,施工单位做好现场解答,施工单位结合踏勘结果编制跨越施工方案。

(3)批复:被跨越物主管部门审核跨越施工方案,出具同意跨越施工意见。

(4)签订跨越协议:属地公司相关管理机构、施工单位分别与被跨越物主管部门签订跨越协议,明确双方责任,办理施工许可。

4.3.6.2　工作流程(见图24)

4.3.6.3　跨越电力线工作内容及要求

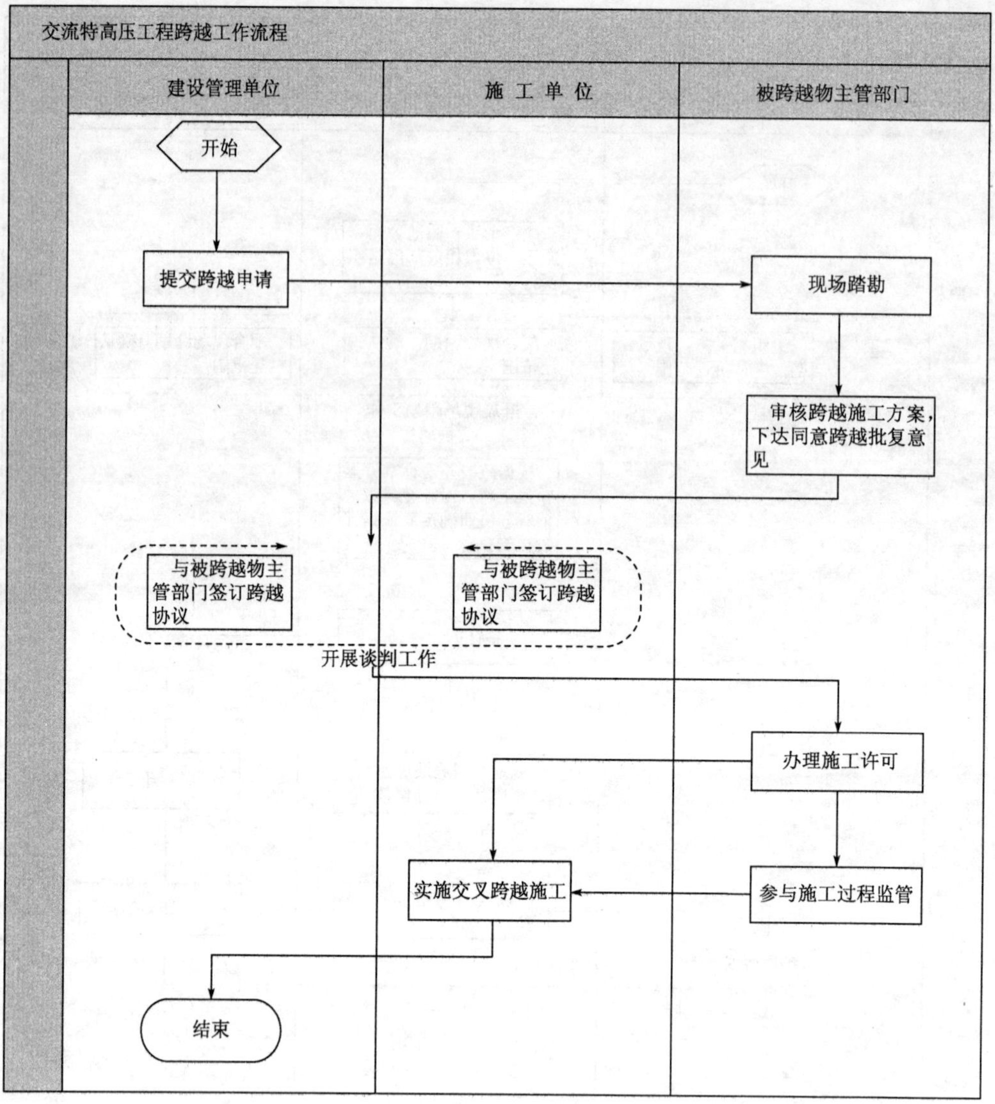

图 24　交流特高压工程跨越工作流程

(1)提交跨越申请:一般由施工单位向被跨越线路运维单位提交申请,明确施工时间、被跨越线路名称、跨越地点及相关参数。

(2)现场踏勘:由属地公司组织,被跨越线路运维、调度部门参加,施工单位配合进行实地勘察。

(3)提交跨越停电申请:根据踏勘结果,施工单位提前编制跨越施工方案报送被跨越线路管理单位流转审批。待审批完毕后,由被跨越线路运维单位向调度部门提交跨越停电申请。

(4)办理工作票:施工单位在停电前到被跨越线路运维单位办理工作票,接受被跨越运维单位的监护、管理。

(5)工作票终结:完成跨越施工后,办理工作票终结手续。

4.3.6.4　工作流程(见图 25)

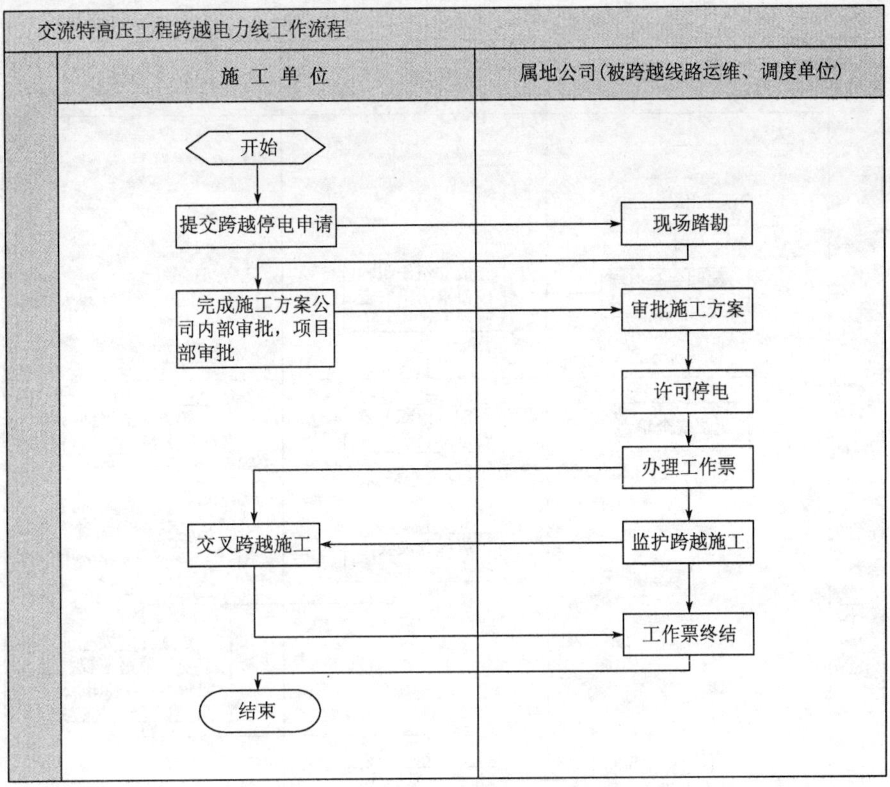

图25　交流特高压工程跨越电力线工作流程

4.3.7　属地公司应开展路径通道巡视工作(见附录F),对通道内发现的新增植物、建(构)筑物及其他危害电力设施安全的物品进行登记,及时汇报各级政府进行制止,保障征拆工作和工程建设顺利实施。

4.3.8　属地公司开展属地安全巡视工作,对查出问题和隐患及时上报属地公司相关管理机构,切实遏制违章行为,消除安全隐患,达到施工安全的稳定状态。

4.3.8.1　工作内容及要求

(1)属地公司应成立相应组织机构,配合项目部对属地安全巡视员开展安全教育培训工作,组织实施属地管理范围内铁塔组立施工现场的安全巡视监督工作。

(2)属地安全巡视应实行闭环管理,以消除人的不安全行为,物的不安全状态,保障施工现场安全为目的。

(3)属地安全巡视员宜为工程沿线各乡镇供电所指定人员,应经项目部安全培训考试合格后上岗工作,且配备数量须满足管理范围内的现场需求,原则上按照10基/人设置,每周巡视不少于两次,以保持对作业现场的全范围覆盖,不留死角。

(4)属地安全巡视应填写安全巡视记录卡(见附录F),巡视过程中发现的问题应拍照取证,留存照片、视频、文字等材料,并于巡视当日汇总后报送业主项目部。

4.3.8.2　工作流程(见图26)

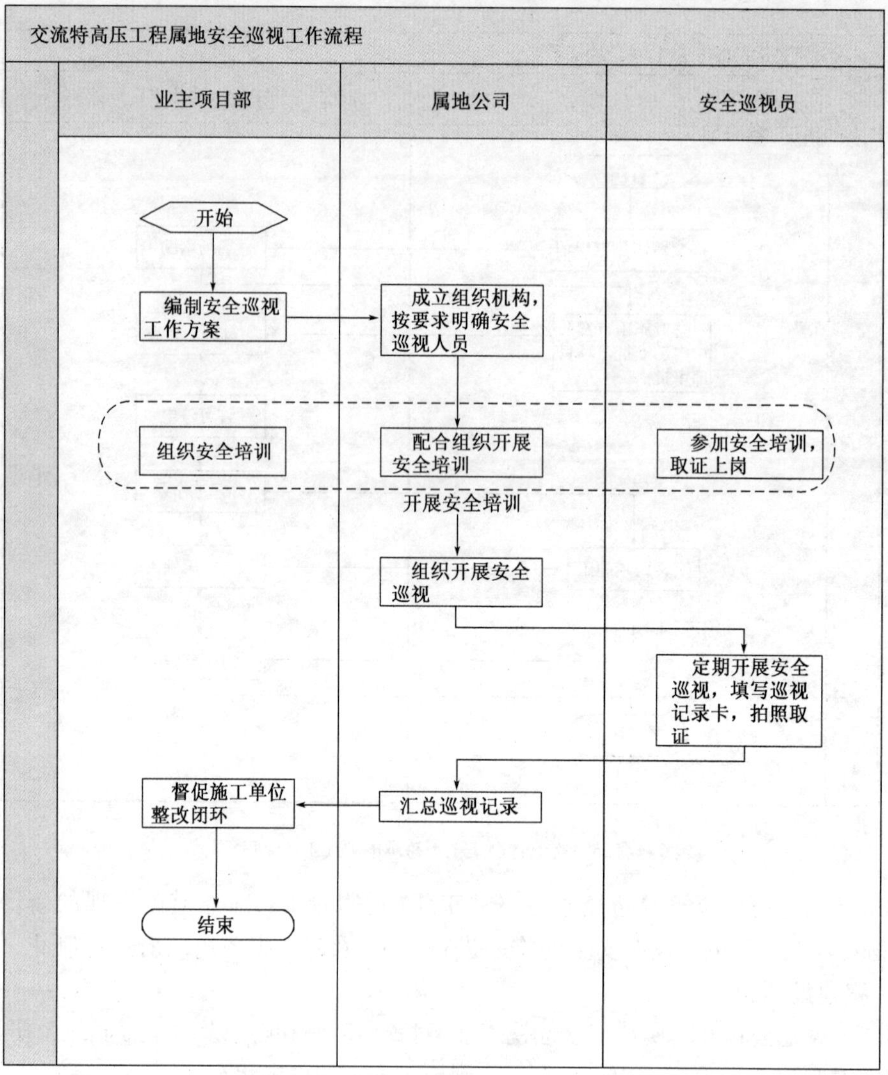

图 26　交流特高压工程属地安全巡视工作流程

4.4　工程竣工决算与后评价阶段

4.4.1　消防验收

4.4.1.1　工作内容及要求

凡《建筑工程消防设计审核意见书》中注明验收合格方可投入使用的建筑工程、室内装修工程和自动消防工程项目，必须到原审核机构申请办理工程验收消防手续，并进行消防验收、备案。

申请消防验收前，填写《建筑工程消防验收登记表》，附消防竣工图纸资料，报请公安消防部门进行消防验收，验收合格后由消防部门出具《建筑工程消防验收意见书》，方可投产。

4.4.1.2　所需材料

(1)建设工程消防验收申请表；

(2)建筑工程消防设计审核意见书；

(3)工程竣工图纸，验收报告；

(4)消防产品质量合格证明文件；

(5)有防火性能要求的建筑构件、建筑材料、室内装修装饰材料符合国标或行标的证明文件，出厂合格证；

(6)消防设施、电气防火技术检测合格证明文件；

(7)施工、监理、检测单位合法证明、合同和资质等级证明文件；

(8)施工记录(含隐蔽工程验收记录、有关检测报告)；

(9)《建筑工程自动消防设施技术检测委托书》和有关消防设施调试、检测报告；

(10)建设单位和施工单位自检报告；

(11)建设单位授权委托书和受委托人的身份证复印件；

(12)具备消防设施检测资质的检测机构出具的消防设施检测报告。

4.4.1.3　工作流程(见图27)

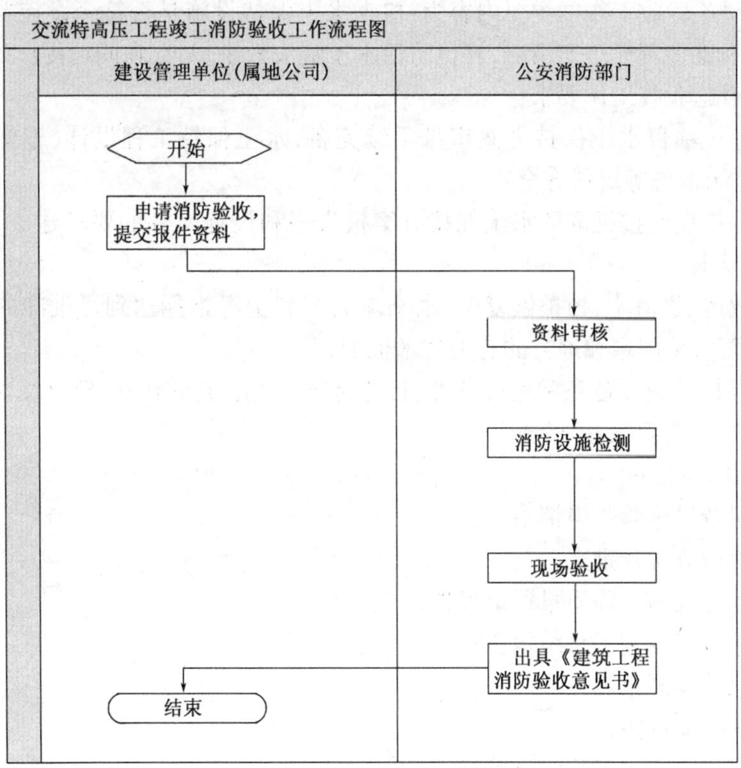

图27　交流特高压工程竣工消防验收工作流程

4.4.2　竣工环保验收调查

按照《国务院关于第一批清理规范89项国务院部门行政审批中介服务事项的决定》(国发〔2015〕58号)的要求，自2016年3月1日起，不再要求建设单位提交建设项目竣工环境保护验收调查报告或验收监测报告，改由环境保护部委托相关专业机构进行验收调查或验收监测，所需经费列入财政预算。

(1)建设项目竣工后,建设单位向环境保护部提出验收调查申请,同时提交建设项目环境保护“三同时”执行情况报告以及相关信息公开证明。

(2)环境保护部委托环境保护部环境工程评估中心负责生态类项目申请材料的初步审核,主要内容包括申请材料是否完整规范、建设项目有无重大变动、是否履行环评变更手续、主要环境保护设施和措施是否落实、是否公开相关信息。

(3)在验收调查期间,建设单位应当主动配合验收调查单位开展工作,如实提供建设项目环境保护“三同时”执行情况等相关资料。

(4)符合验收条件的建设项目,环境保护部通知建设单位正式提交竣工环境保护验收申请;不符合验收条件的建设项目,通知建设单位按照技术审查意见进行整改。

在试运行期间,属地公司应委托环保系统监测站开展验收调查和监测工作,完成竣工验收调查报告。跨省工程目前由国网交流公司委托环保验收调查单位完成验收调查和监测工作。

4.4.3　水保验收工作

4.4.3.1　工作内容与要求:

水土保持设施验收工作的主要内容为:检查水土保持设施是否符合设计要求、施工质量、投资使用和管理维护责任落实情况,评价防治水土流失效果,对存在问题提出处理意见等。

水土保持设施验收工作要求:

(1)开发建设项目水土保持方案审批手续完备,水土保持工程设计、施工、监理、财务支出、水土流失监测报告等资料齐全;

(2)水土保持设施按批准的水土保持方案报告书和设计文件的要求建成,符合主体工程和水土保持的要求;

(3)治理程度、拦渣率、植被恢复率、水土流失控制量等指标达到了批准的水土保持方案和批复文件的要求及国家和地方的有关技术标准;

(4)水土保持设施具备正常运行条件,且能持续、安全、有效运转,符合交付使用要求。落实水土保持设施的管理、维护措施。

4.4.3.2　所需材料

(1)水土保持设施验收申请书;

(2)水土保持方案及批文;

(3)水土保持设施工程质量评定报告;

(4)水土保持工程施工总结报告;

(5)水土保持监测报告;

(6)水土保持监理报告;

(7)水土保持设施竣工验收技术报告;

(8)水土保持设施竣工验收技术评估报告。

4.4.3.3　工作流程(见图28)

4.4.4　安全验收评价

4.4.4.1　工作内容及要求

按照《中华人民共和国安全生产法》要求,交流特高压变电站工程必须开展安全验收评价,可由属地公司委托具有相关资质的单位办理,在建设项目竣工后正式生产运行前通过检查建设项目安全设施与主体工程同时设计、同时施工、同时投入生产和使用的情况，检查安全生产管理措施到位情况，检查安全生产规章制度健全情况，检查事故应急救援预案建立情况，审查确定建设项目满足安全生产法律法规、标准、规范要求的符合性，从整体上确定建设项目运行状况和安全管理情况，做出安全验收评价结论。按照《安全生产法》，由建设管理单位负责组织安全设施验收。

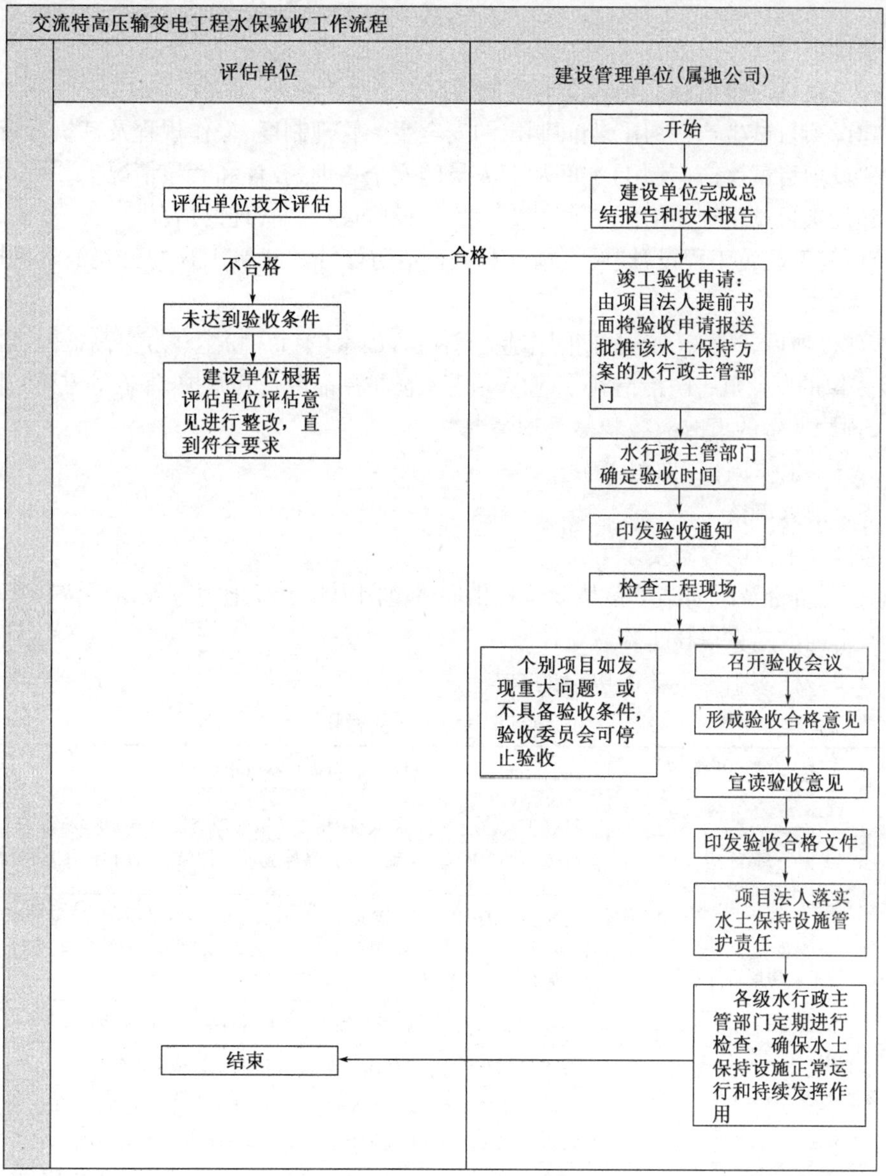

图28　交流特高压输变电工程水保验收工作流程

4.4.4.2　所需材料

(1)建设项目试生产(使用)涉及的原料、辅助材料，产品、中间产品、副产品，生产过程中的产物、废物(或者储存的危险化学品)的物理性质、化学性质和危险性资料和原料、中间产品、最终产品包装、储存、运输的技术要求。

(2)可能出现最大风险的范围内重要场所、区域、基础设施的分布和24小时生产、经营活动或者居民生活的情况。

(3)建设项目所在地的自然条件资料。

(4)建设项目采用的技术、工艺(或者方式)和装置、设备、设施以及总平面布置等方面的情况。

(5)建设项目安全设施施工情况报告。

(6)建设项目周边道路交通和交通管制情况。

(7)建设项目试生产(使用)期间制定的安全生产管理制度、操作规程及其执行情况。

(8)建设项目试生产(使用)期间从业人员的安全培训、教育和考核情况。

(9)建设项目试生产(使用)期间装置、设备、设施运行和管理的情况。

(10)厂房等建筑工程设计、施工情况和进行消防设计的建筑工程的公安消防机构消防验收文件。

(11)建设项目试生产(使用)期间作业场所有害因素(有毒、粉尘、噪声、高低温、射线等)检验检测及采取的职业危害防治措施、从业人员劳动防护用品配备和维护、保养等方面的情况。

(12)预测发生的事故应急救援管理情况。

4.4.4.3　工作流程(见图29)

4.4.5　结算审核

4.4.5.1　工作内容及要求

属地公司负责及时向结算审核单位提供职责范围内建设场地清理及赔偿费和其他费用结算资料,配合完成结算审核工作。

4.4.5.2　核实结算审核需申报的材料(表3)

结算审核需申报的材料　　表3

费用科目	费用类别	所需材料及审核标准
建设场地征用与清理费用	房屋拆迁费用	拆迁汇总表、相关政策文件、相关政策处理会议纪要、房屋拆迁五方签证、房屋拆迁分布图(竣工图及施工图)、转账凭证原件(或原件扫描件)等资料是否齐全
		房屋拆迁五方(业主、施工、监理、设计、属地)签证明细表,包括每户房屋所辖县、乡、村、组;户主姓名、常住人数(需要时);房屋结构、主/辅房楼层、面积、高度及附属设施情况等信息是否真实
		房屋拆迁数量、范围、五方签证、竣工图与结算协议一致性
		有无红线外拆除,如有,应提供相关协商记录或会议纪要
		工程结算审价单位审核补偿合同、协议及所附凭证(行政事业性收据、发票、银行转账单、银行对账单)等复印件与原件或原件扫描件的一致性,查验票据真伪
	企业动迁与煤矿、采石场及其他矿产(山)等补偿费用	相关会议纪要、评估报告、谈判记录、付款凭证及收据的原件(或原件扫描件)等资料是否齐全
		补偿费用是否为专业评估数额,专业评估报告面积是否准确
		补偿价格是否为经过与地方政府部门、被拆迁企业主等相关人员多方谈判协商并最终集体商定的金额

续上表

费用科目	费用类别	所需材料及审核标准
建设场地征用与清理费用	企业动迁与煤矿、采石场及其他矿产(山)等补偿费用	补偿合同、协议及所附凭证(行政事业性收据、发票、银行转账单、银行对账单)等复印件与原件或原件扫描件一致性,查验票据真伪
	三线迁移补偿费用	改线工程招投标资料(如有)、施工合同、结算书、验收单、竣工资料(竣工图、验收报告)、签证单等资料是否齐全
		根据施工图核查是否属于拆迁范围,以及实际工程量与图纸是否存在差异
		补偿标准是否符合相关政策文件规定,以及销售费用的处理是否合理
	通道树木砍伐费用审核	政策文件、相关政策处理会议纪要、树木砍伐五方(业主、施工、监理、设计、属地)签证、树木砍伐分布图(竣工图及施工图)、运行单位或基建部门验收报告、砍伐前后对比照片(或航拍图)、林勘报告、付款凭证及收据的原件(或原件扫描件)等资料是否齐全
		补偿数据的准确性、完整性及与票据的一致性
		补偿标准是否符合相关政策文件规定,以及销售费用的处理是否合理
		施工图、砍伐前后对比照片(或航拍图)、林勘报告、验收报告的一致性,核实砍伐事项真实性
		合同、协议及所附凭证(行政事业性收据、发票、银行转账单、银行对账单)等原件或原件扫描件与复印件的一致性进行审核,查验票据真伪
	变电站征地及塔基、通信中继站征占地费用	政策文件、相关政策处理会议纪要、征占地计算表、付款凭证及收据的原件(或原件扫描件)等资料是否齐全
		补偿数据的准确性、完整性及与票据的一致性
		临时占地与永久占地青苗及地表附着物补偿范围是否重复
		补偿标准是否符合相关政策文件规定,永久占地面积与图纸是否一致
		合同、协议及所附凭证(行政事业性收据、发票、银行转账单、银行对账单)等原件或原件扫描件与复印件的一致性进行审核,查验票据真伪
其他费用	法人管理费、后评价费用	逐项审核其他合同及费用的真实性、合规性
		无合同已发生的业主方费用,结合实际估列入工程结算,工程竣工决算阶段依据相关规定审定并调整
		因项目本身特点需在投产后一段时间才发生且在竣工结算阶段尚未签订合同的费用(后评价费等),结合实际估列入工程结算,工程竣工决算阶段依据相关规定审定并调整

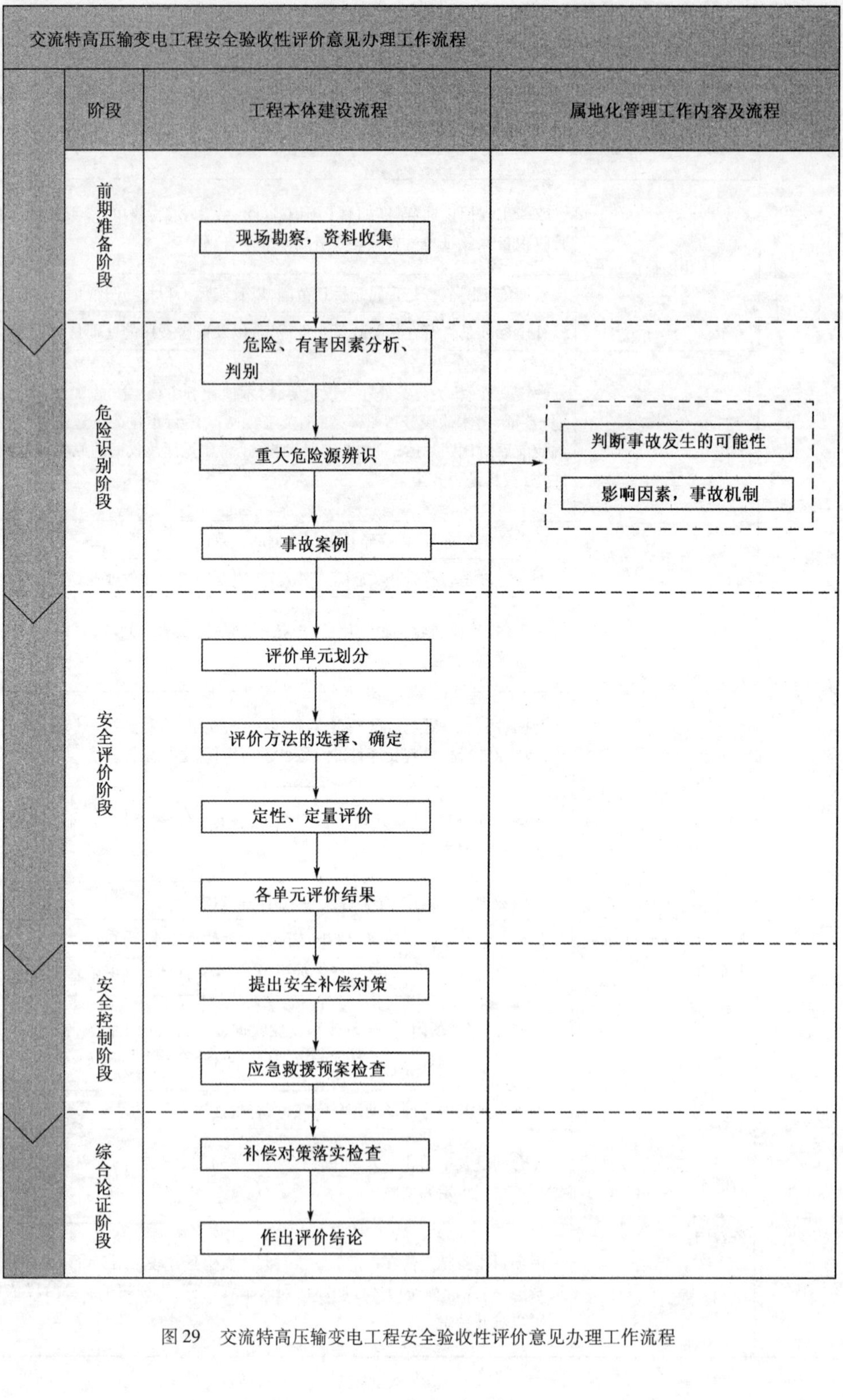

图 29　交流特高压输变电工程安全验收性评价意见办理工作流程

4.4.5.3 工作流程(见图30)

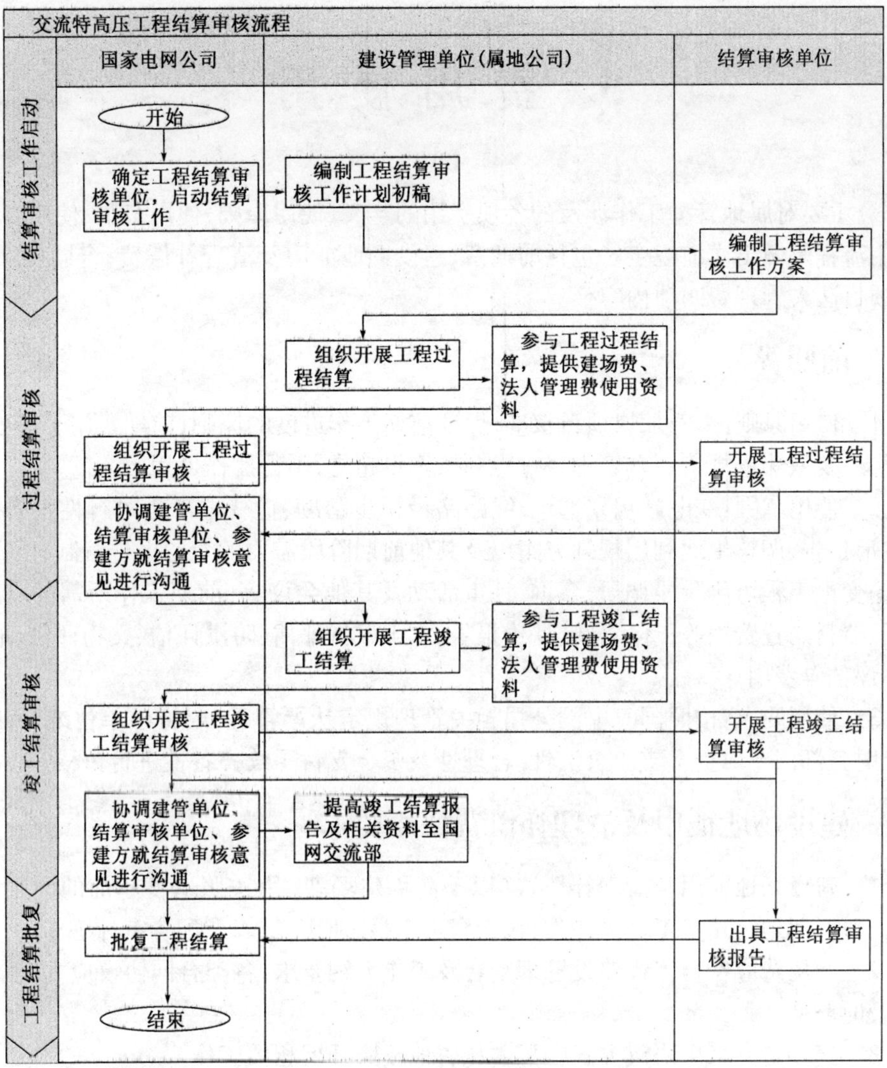

图30 交流特高压工程结算审核流程

5 费用使用

本部分主要对属地管理工作涉及的各项费用的定义、使用原则、使用范围、使用要求、使用原则、使用流程等做出详细规定。包括前期费、建设场地征用及清理补偿费、合同(协议)及票据管理、项目法人管理费四项内容。

5.1 前期费

5.1.1 使用原则:本着加快项目核准,保证前期工作进度的原则,前期费用于与项目相关的费用开支,要依法依规使用和管理,从严控制,不得超支,不得挪作他用。

5.1.2 使用范围:变电站规划选址、线路路径初步踏勘、输变电工程可行性报告编制;项目核准申请报告、调整土地利用规划方案以及其他前期阶段需要的专题报告编制,项目报批立项工作;输变电工程可研阶段调研、咨询、评审活动及其他会议等;前期工作所需的交通费用、通信费用、器材购置费用等;环境影响评价报告、水土保持评估、防洪评估、文物评估、地质灾害和压覆矿评估等费用。

5.1.3 使用要求:按照国家电网公司相关管理规定从严管理,履行各单位统一的审批报销程序。财务部门要对资金支出合法性、合理性及资金支付手续齐备性进行审核。

5.2 建设场地征用及清理补偿费使用要求

5.2.1 建设场地征用及清理补偿费(以下简称建场费)用按照适度超前的原则,由出资单位统筹管理,属地公司负责具体操作,包含资金申报、使用、结算及配合审计工作。

5.2.2 建场费应符合工程建设管理纲要及工作大纲要求,各类合同协议应真实、齐全,信息完整,及时归档。

5.2.3 建场费宜采用协议方式全部委托属地政府开展相关工作。

5.2.4 建设场地征用及清理补偿原则

5.2.4.1 永久征(占)地补偿面积计算原则:变电站永久征地赔偿面积计算标准为设计单位提供的变电站征地红线图;线路塔基永久占地赔偿面积计算标准为铁塔基础立柱外边缘向外外延1m计算面积。

5.2.4.2 补偿单价由属地公司依据各地政府补偿标准严格控制,一般不能突破概算中计列的价格标准。

5.2.4.3 变电站址范围内、线路走廊(包括塔基长期占地)内零星树木、普通林木与经济林砍伐按设计标准进行,量价均不能突破批准概算标准,实际补偿时要认真核对终勘定位时的原始资料,发现问题及时处理。

5.2.4.4 房屋拆迁、厂(场)矿迁移、池塘、机井、坟墓、大棚及大棚内附着物等补偿项目要严格控制补偿价格,拆迁(移)工作要符合环保要求,概算中已经计列但实际中未发生的项目不予结算,机井、坟墓等相对隐蔽的项目可按属地政府补偿标准据实补偿。

5.2.4.5 10kV 及以上电压等级电力线、二级及以上通信线改迁,永久道路改迁及防护费用应严格控制在概算标准之内。

5.2.4.6 属地公司应配合设计单位对工程建设场地进行详细勘察,并留存地面附着物影像资料,确保补偿数量真实准确,在概算中合理计列费用;要求属地政府依据签订协议范围合理安排补偿工作,规范补偿支付凭证,确保所有建场费支付材料真实、充分、合理。

5.2.4.7 其他通道清理原则宜由工程建设、设计、生产单位在初步设计前研讨制定。

5.3 合同(协议)及票据管理

5.3.1 委托补偿协议应根据工程全线勘察的详细情况和国家及地方有关收费政策、标准,与受托方签订委托协议。

5.3.2 委托政府补偿合同(协议)书甲方为市(县)级供电公司,乙方为"××乡(镇)政府";政府代属地县供电公司补偿的合同(协议)甲方为"××乡(镇)政府",乙方为被补偿单位或个人。

5.3.3 委托协议中应明确双方的权利及义务、补偿的数量及金额、补偿款的支付方式和时间、结算方式等。协议中应明确规定不得以现金方式向被补偿单位或个人支付款项,应通过银行转账等方式支付并留存过程资料,避免出现资金安全风险。

5.3.4 补偿合同(协议)中(包括委托政府办理的补偿)应明确涉及电网安全运行的条款和责任。

5.3.5 属地公司各下级公司应加强合同(协议)执行管理,督促属地政府或单位落实合同约定的目标、措施、要求。

5.3.6 工程建设中发生合同(协议)变更事项的,由属地公司各下级公司组织办理合同变更,按照公司合同会签程序,签订合同变更协议或补充协议。

5.3.7 属地公司各下级公司负责审核、确认工程建设全过程发生的建场费,按需向属地公司提出费用申请,及时按照协议约定向属地政府支付建场费。

5.3.8 所用收据原则上必须为财政厅监制的正规收据,票据抬头(付款方)按照建设场地委托协议的要求执行。

5.3.9 合同协议及票据按照公司有关要求执行,所有补偿协议及票据的原件保存在县级供电公司,待工程属地工作结束后由地市级供电公司汇总,并按照档案管理要求移交。

5.3.10 当地上附着物数量或补偿金额出现变化时,协议双方应签订补充协议。

5.3.11 县级公司应建立补偿资料数字化档案,以签订的各项协议为基础,每项协议建立单独的资料整理目录,以原件、复印件、电子扫描件三种存放形式分别整理、归档各项补偿协议,满足档案管理办法的相关要求。

5.3.12 建场费的使用不得超出批准概算金额。确实超出时,属地公司须向上级单位做出书面汇报,履行审批手续。

5.3.13 根据工程建设技经安全和电网运行的需要,属地政府应向建设管理单位提供以下资料:

(1)财政厅监制的正规收据;

(2)建设场地征用及清理补偿明细表;

(3)所有补偿协议。

5.3.14　对涉及个人的补偿,合同(协议)中必须明确对应线路的位置(具体档位)、乡村名称、个人姓名及身份证复印件(协议附件)、联系方式等。其中宅基地补偿,还应提供宅基地证件复印件;树木砍伐、大棚、机井、建(构)筑等,还应提供有明显参照物的砍伐或拆除前后影像资料。对于银行转账凭证的要求:如属地公司将上述项目委托给政府赔付,除建(构)筑物拆迁之外的其他项目只提供属地公司对政府的银行转账凭证,但政府的合同(协议)中必须附有与实际补偿一一对应的明细表;建(构)筑物拆迁必须提供政府对被补偿方的银行转账凭证。

5.3.15　对涉及单位(企业)的补偿,无论属地公司自行赔付还是委托政府赔付,合同(协议)中均应明确对应线路的位置(具体档位)、被补偿单位(企业)的营业执照(协议附件)、产权证明(协议附件)等复印件、联系方式、有明显参照物的补偿前的影像资料和补偿后的影像资料。被补偿单位开具的收款发票或收据、银行转账凭条等作为补偿资料的组成部分一并保存。

5.4　项目法人管理费

5.4.1　使用原则:专款专用,不得挪作他用,擅自提高费用标准。

5.4.2　使用范围:严格按照国网公司、省公司对项目法人费使用的管理要求执行,主要使用范围包括办公费、会议费、差旅费、业务招待费、政府协调费、租赁费等。

5.4.3　使用流程:建设管理单位根据项目情况与项目所在属地公司签订委托管理协议;属地公司持费用发票或省财政厅事业性收费收据(附相关费用票据复印单)向建设管理单位申请支付费用;建设管理单位审核费用票据无误后支付费用。

5.4.4　使用要求:按照国家电网公司相关管理规定从严管理,履行各单位统一的审批报销程序。财务部门要对资金支出合法性、合理性及资金支付手续齐备性进行审核。

6 属地档案管理

本部分内容对属地档案进行了清晰的界定，给出档案管理的依据，属地公司及下属公司档案管理的工作内容，工作流程，工作要求。

6.1 本手册所称属地档案是指在工程前期阶段、工程设计、工程建设阶段和外部协调部分由属地公司整理移交的各种形式的历史记录。

6.2 交流特高压工程属地档案管理依据，包括但不限于：

6.2.1 《国家电网公司电网建设项目档案管理办法（试行）》（国家电网办〔2010〕250号）。

6.2.2 《国网交流部关于发布交流特高压工程档案管理标准化手册的通知》（交流综〔2015〕38号）。

6.2.3 各工程档案管理手册。

6.3 属地公司理清资料目录，制定收集计划，明确归档时间和责任人员。在工程建设过程中，同步组织完成档案资料的收集、整理，并及时移交。

6.4 属地公司的下级各相关机构负责工程合规性手续、建设场地征（占）用手续、地面附着物赔偿和证明及部分专项验收等文件资料的收集、整理，并向属地公司移交。

6.5 属地公司负责把控形成文件的质量，保证资料齐全、完整、清晰，并按照交流特高压工程档案专业要求，做好资料移交前归类、整理等准备工作。

6.6 属地公司各下级公司应建立赔偿资料的数字化档案，以签订的各项协议为基础，"分门别类，一事一档"，每项协议及票据分别建立单独的资料整理目录，以原件、复印件、电子扫描件三种形式分别留存，同时做好赔偿前后的数码照片采集工作，确保属地补偿工作支撑性材料真实、齐全，信息完整，归档及时。

6.7 所有工程资料需原件归档，票据原件保存在属地市（县）公司，移交清晰的带有机构公章的复印件。属地票据要在属地公司财务归档，交流公司档案室归集清晰规范的复印件。

6.8 属地公司各下级公司应按照国家电网公司工程档案管理要求完成属地工程文件收集、整理和组卷，并在相应工作完成后30天内移交属地公司。

7 评价考核

7.1 属地公司应建立分级考核机制,对出现的违反属地协调工作要求(见附录G)的行为,纳入属地年度业绩考核;对在属地协调过程中出现的违反规定的下级公司和个人,实行一票否决,取消单位及个人的年终评先进资格。

7.2 在工程建设过程中,对由于属地协调管理原因引起的颠覆性方案的变动、赔偿费用超概算的情况,由属地公司纳入对下级公司年度业绩考核及企业负责人绩效考核。

附录 A　线路工程通道信息统计表、塔基信息统计表

××工程线路工程通道信息统计表

序号	杆塔区间	区间类型	县（市）	乡（镇）	村	跨越信息				拆迁信息				树木林地信息				
						跨越物名称	权属单位	跨越类型	影像资料链接	拆迁物名称	权属单位	拆迁面积（m^2）	影资料链接	树木名称	跨越（棵）	砍伐（棵）	权属单位	影像资料链接
例	ZL16-ZL17	单回	满城县	刘家台镇	白沙村	通信线	中国联通满城分公司	通信线		（几层，房屋结构等）	××村刘××	600		杨树	116		××村刘××	

属地市公司负责人（签字）：　　　　属地市公司负责人（签字）：　　　　属地协调人员（签字）：

×××工程线路工程塔基信息统计表

杆塔编号	县（市）	乡（镇）	村	属地公司协调人				政府协调人		地上附着物种类	地上附着物赔偿数量	塔基占地面积（m^2）	四腿占地信息（户主）				备注
				县公司主管领导	县公司发展建设部	供电所	属地协调人员	主管乡长	村长				A 腿	B 腿	C 腿	D 腿	
N1				姓名，手机	姓名，手机	姓名，手机	姓名，手机	姓名，手机	姓名，手机								
N2																	
N3																	
…																	
…																	

属地市公司负责人（签字）：　　　　属地市公司负责人（签字）：　　　　属地协调人员（签字）：

附录 B 交流特高压输电线路工程属地协调计划

计划时间(第一批)			开工前 5 日内前完成基础协调工作		
塔基位置	包××	包××	包××	包××	包××
塔基编号					
小计(基)					
合计(基)					

附录 C 属地协调工作周报

<table>
<tr><td colspan="13">交流特高压输电线路工程第××周周报</td></tr>
<tr><td colspan="13">国网××供电公司</td></tr>
<tr><td colspan="5">填报人：</td><td colspan="4">审阅人：</td><td colspan="4">日期：</td></tr>
<tr><td colspan="13">一、本周完成的重点工作</td></tr>
<tr><td>序号</td><td>县公司</td><td>乡镇及塔基数量</td><td>长期占地协议签订情况</td><td>长期占地支付金额</td><td>政府协调费金额</td><td>长期占地可进场情况</td><td>配合施工单位完成临时占地协调情况</td><td>施工单位费用到位情况</td><td>施工进展</td><td>通道清理协议签订情况</td><td>通道清理协议执行情况</td><td>是否满足二级网络计划</td></tr>
<tr><td rowspan="2">1</td><td rowspan="2">××县公司</td><td>××镇（××基）</td><td>已完成，共××亩，计××元</td><td>××元</td><td>××元</td><td>××—××可进场</td><td>××—××已完成</td><td>××—××已到位</td><td>开挖×基，浇筑×基</td><td></td><td></td><td></td></tr>
<tr><td>××镇（××基）</td><td>已完成，共××亩，计××元</td><td>××元</td><td>××元</td><td>××—××可进场</td><td>××—××已完成</td><td>××—××已到位</td><td>开挖×基，浇筑×基</td><td></td><td></td><td></td></tr>
<tr><td colspan="13">二、存在问题</td></tr>
<tr><td>序号</td><td>县公司</td><td colspan="6">存 在 问 题</td><td colspan="4">解 决 措 施</td><td>是否满足二级网络计划</td></tr>
<tr><td>1</td><td>××县公司</td><td colspan="6"></td><td colspan="4"></td><td>满足；不满足，需调整</td></tr>
<tr><td colspan="13">三、下周工作计划（主要依据二级网络计划编制）</td></tr>
<tr><td>序号</td><td>县公司</td><td colspan="5">占地协调塔基数量</td><td colspan="4">通道清理工作开展</td><td colspan="2">重点协调问题进展</td></tr>
<tr><td>1</td><td>××县</td><td colspan="5"></td><td colspan="4"></td><td colspan="2"></td></tr>
<tr><td colspan="13">填报说明：1. 时间；2. 办公室将每月发布通报，对周报报送情况及重点问题协调情况进行点评和预警</td></tr>
</table>

附录 D　××—××线路工程建设场地征用及清理委托协议

协议编号：

项目名称：

委托方(甲方)：

受托方(乙方)：

签订日期：

签订地点：

××—××线路工程

建设场地征用及清理委托协议

委托方(甲方):

受托方(乙方):

第一章　总　　则

为加快交流特高压电网建设,确保××—××交流特高压线路工程建设顺利进行,维护工程建设相关方的合法权益,依据国家相关法律法规要求,甲乙双方就××—××线路工程建设场地征用及清理等事务委托配合事宜达成如下协议。

(一)甲方按照本协议约定将××—××线路工程(××县供电区域内:线路××—××杆塔)建设场地征用及清理等事务委托乙方办理,并向乙方支付相关费用;乙方接受委托,并按照本协议约定办理委托事务。

(二)本协议工程项下甲方委托乙方办理乙方辖区内的下列事务:

1. 负责××—××线路工程(××县供电区域内:线路××—××杆塔)建设场地征用及清理。

2. 负责属地供电范围内工程建设用地手续等相关证件办理、征(占)地、建筑物及构筑物拆迁补偿、林木砍伐补偿(包括占用林地勘察、林木砍伐证办理等)、地方关系协调与纠纷处理等项工作。

3. 负责配合协调属地调度范围内的停电配合工作,配合办理跨越铁塔、高速公路、等级公路和通航河流等手续报批等工作。

4. 负责协助开展项目压矿、文物、防洪评估、地灾等相关工作。

5. 负责签订属地征(占)地补偿、建筑物及构筑物拆迁补偿、林勘及林木砍伐补偿等合同(协议)。

6. 负责协助施工单位开展临时占地的补偿工作;协助和配合施工单位开展与工程施工相关的其他工作。

7. 负责实施 35kV 及以下电压等级电力线、二级及以上通信线改迁及防护。

8. 负责初设阶段、设计阶段和施工阶段的相关属地协调工作。

第二章　工程建设目标

按照里程碑计划,建设“安全可靠、自主创新、经济合理、环境友好、国际一流”优质精品工程,确保一次投运成功、长期安全运行。

(一)安全目标

不发生六级及以上人身事件;不发生因工程建设引起的六级及以上电网及设备事件;不发

生六级及以上施工机械设备事件；不发生火灾事故；不发生环境污染事件；不发生负主要责任的一般交通事故；不发生基建信息安全事件；不发生对公司造成影响的安全稳定事件。

（二）进度目标

严格按照经省公司审定的工程二级网络进度计划执行，确保工程开、竣工时间，按计划有序推进工程建设。

（三）属地补偿工作目标

建设场地征用及清理补偿工作委托乙方开展，费用使用应符合工程建设管理纲要及工作大纲要求，各类协议、凭证及票据应真实、齐全，信息完整；补偿过程中应留存有明显参照物对比的补偿前后影像资料；补偿资料应随工程建设同步形成，齐全、完整、规范、真实；所有补偿协议及票据的原件保存在属地县供电公司，待工程属地工作结束后由市公司汇总交付业主项目部。

第三章　责任和义务

（一）甲方权利义务

1. 甲方保证本协议工程项目已获得批准或核准，规划、路径等手续完备。

2. 向乙方交付本协议工程项目相关图纸、资料。

3. 按本协议约定收到乙方提供的符合规定要求的建设场地征用及清理补偿费支付依据后，足额支付委托事项费用。

4. 及时与乙方沟通工程建设的相关情况。

（二）乙方权利义务

1. 按甲方要求不超限额据实使用建设单位管理费。

2. 按照本协议约定依法依规、积极稳妥办理委托配合事务。

3. 妥善保存本协议工程项目相关图纸、资料以及办理委托事项过程中产生的合同、票据等文件资料（含电子版）。

4. 按要求及时向甲方提供符合规定要求的建设场地征用及清理补偿费支付依据，及时开展相关工作。

5. 负责配合各级审计部门对属地补偿工作的审计。

6. 及时与甲方沟通委托事项办理情况，确保工程进度按计划执行。

7. 负责线路工程现场安全巡视监督工作。

第四章　委托业务资金申请和支付

（一）工程所有资金纳入国家电网公司统一管理，并按月批复资金预算。乙方根据下达的合同支付需要，每月10日前向甲方提出月度资金预算申请。甲方根据乙方的资金支付申请和符合财务付款的有效凭证支付工程资金。

（二）乙方于每月30日前将相关付款凭证等送达甲方。甲方在确认付款凭证等完备后，提交给公司财务部，完成合同款项支付，乙方应将每月实际支付工程资金情况反馈给甲方。

（三）乙方负责审核票据的真实性、合法性、时效性；所用收据必须为财政厅监制的正规收据或正规税务发票，如票据出现问题，由乙方负责票据更换。

第五章 委托费用及支付

委托事项费用包括建设管理费和建设场地征用及清理补偿费两部分。

（一）建设管理费用暂按人民币________元整计列（小写￥________元整），由乙方以此为控制额度据实结算。

（二）建设场地征用及清理补偿费暂按人民币________元整计列（小写￥________元整），由乙方以此为控制额度据实结算。

（三）建设场地征用及清理补偿费标准及支付，按照属地政府要求执行。

第六章 其 他

（一）甲乙双方应在交流特高压工程建设指挥部的统一协调下不定期召开本协议工程项目协调会议，协调解决工程建设的相关问题。

（二）本协议在执行过程中的未尽事项，由双方共同协商，可以签署补充协议，补充协议作为本协议的补充内容，同本协议具有同等的法律效力，也可按照国家电网公司相关规定办理。

（三）本协议自双方授权代表正式签署并加盖单位公章或合同专用章后生效。

（四）本合同一式八份，甲方执五份，乙方执三份，具有同等法律效力。

（以下无正文）

签 署 页

甲方： （盖章）	乙方： （盖章）
法定代表人（负责人）或 授权代表（签字）：	法定代表人（负责人）或 授权代表（签字）：
签订日期：	签订日期：
地址：	地址：
邮编：	邮编：
联系人：	联系人：
电话：	电话：
传真：	传真：
Email：	Email：
开户银行：	开户银行：
账号：	账号：
税号：	税号：

协议编号

××—××交流特高压输电线路工程委托补偿协议

甲方：国网××县供电(有限责任)公司

乙方：________________乡镇

依据国务院《大气污染防治行动计划》、《国家能源局关于加快推进大气污染防治行动计划12条重点输电通道建设的通知》和《××市人民政府关于成立交流特高压工程建设领导小组的通知》(××政办函〔2014〕32号)要求，为保证××—××交流特高压线路工程高效、有序、顺利推进，发挥属地协调优势，本工程铁塔占地及地上附着物补偿工作采用协议方式全部委托属地政府的方式开展。按照《××县人民政府关于电力建设项目施工补偿的批复》(××××号)的规定，现甲乙双方(乙方代表受偿户)对该工程线路在乙方辖区内涉及到的杆塔占地、地上附着物清理及补偿问题进行协商并达成以下协议：

甲方新建的××—××交流特高压输电线路N××至N××在乙方辖区内通过，共计新建杆塔基。

1. 铁塔长期占地：本工程在乙方辖区内共计占地_____亩，每亩占地费按_______元(小写￥_______)。甲方需付给乙方杆塔长期占地费人民币共计_______元整(大写_______________)。(具体塔基占地面积见附表)

2. 青苗补偿：本工程在乙方辖区内涉及青苗补偿共计_____亩，补偿费用人民币共计__________元(大写______________)。(具体青苗补偿面积及种类见附表)

3. 树木砍伐：本工程在乙方境辖区内线路区间需乙方督促相关权属人砍伐树木共计__________棵，人民币共计__________元(大写：_________)。(具体砍伐数量及种类见附表)

4. 坟墓迁移：本工程需迁移坟墓共_________座，甲方支付乙方迁坟补偿费人民币共计：_______元整(大写：______________)。(具体迁移数量见附表)

5. 机井迁移：本工程需封闭线下机井共_________眼，甲方支付乙方补偿费人民币共计_________元(大写：_________元)。(具体封闭数量见附表)

6. 建(构)筑物拆迁：本工程在乙方境辖区内线路区间需乙方拆迁：①房屋____平方米(土坯结构、砖混结构、混凝土结构、其他结构)，综合每平方米按_____元；②院落_____平方米，每平方米按____元；③其他附属物补偿____元，共计补偿乙方拆迁补偿费人民币：_________(大写：___________)。(具体拆迁数量见附表)

7. 宅基地：乙方须在工程开工前，合理处置N××号至N××号线路边线____米内的宅基地(共____块，面积_____)，甲方一次性补偿给乙方宅基地补偿费，共计人民币：_______元整(大写：______________)。(具体处置数量见附表)

8. 工程建设期间，甲方支付乙方工程配合协调费用共计_____元整(大写_________)。

(包含配合协调人员的补助费、误餐费、交通费、通信费等,配合协调费用包干使用)

9. 以上相关费用共计__________元(大写:________________),在协议签订后×××个工作日内,由甲方将补偿款总价的60%拨付至乙方指定账户,以后按工程进度和拆迁进度支付,每月支付价款按照下月计划完成补偿量支付。

10. 乙方应积极做好群众工作,以确保在____年____月____日前,完成长期占地、青苗补偿、树木砍伐、宅基地处置工作,保障工程施工单位可以进场施工。在____年____月____日前,完成坟墓迁移、机井报废、建(构)筑物拆迁工作,确保工程组塔架线施工顺利实施。

11. 乙方负责将补偿款支付至相关权属人,并向甲方提供补偿明细表。在占地补偿、树木砍伐、坟墓迁移、机井报废、建(构)筑物拆迁等工作过程中发生的一切事宜由乙方负责。施工单位在线路施工过程中出现受阻问题,由乙方负责协调解决。

12. 乙方在督促相关权属人完成树木砍伐、坟墓迁移、机井报废、建(构)筑物拆迁后,应经甲方验收合格后(需留存拆迁前后影像资料),方可将下月补偿款项汇入乙方指定账户。

13. 根据《××县人民政府关于加强××—××交流特高压输电线路路径保护的通知》(××××号)的文件要求,1000kV架空输电线路中心线两侧各延伸距离60米为线路保护区范围,乙方应保证任何单位和个人不得在线路保护区内种植危及电力设施安全的植物,不能新建、改建、扩建危及电力设施的建(构)筑物,不能堆放可能危及电力设施安全的物品。占地补偿、树木砍伐、坟墓拆迁、机井报废、建(构)筑物拆迁等工作完成后,如发现有新的可能危及架空电力线路运行的安全隐患,由乙方负责处理,不再给予补偿。

14. 乙方负责向甲方提供财政厅监制的正规收据、拆迁补偿明细表以及所有补偿协议。该项目出资方为“××电力公司”,乙方向甲方所出具票据抬头必须填写“××电力公司”。乙方负责将补偿款付给所有受偿户。

15. 如补偿涉及单位(企业),乙方应提供被补偿单位(企业)的营业执照、产权证明等复印件、被补偿单位应开具正规发票并附有联系方式、银行转账凭条、相关影像资料。

16. 乙方应积极做好被征地群众的思想工作,确保工程可以按期进场施工。乙方应在所辖区内加强有关政策法规的宣传力度,对搭建、抢建、抢栽、抢种和阻挠正常施工的行为要及时制止和依法打击,保障征拆工作和工程建设顺利实施。

17. 当补偿项目的数量和金额出现变化时,协议双方应签订补充协议。

18. 甲方负责在工程开工前摸清需拆迁和补偿标的物的种类和数量。

19. 甲方应按协议和工程进度需要及时将补偿款汇至乙方指定的合法账户内。

20. 本协议一式七份,甲方六份,乙方一份。本协议自签字盖章起生效。

(以下无正文)

甲方:	乙方:
法定代表人(委托人)	代表人
(签字、盖章)	(签字、盖章)
年　月　日	年　月　日

塔基占地补偿统计表 附表1

序号	杆塔编号	占地面积(亩)	补偿标准(亩/元)	费用总计(万元)	备注

青苗补偿统计表 附表2

序号	杆塔编号	青苗种类	占地面积(亩)	补偿标准(亩/元)	费用总计(万元)	备注

树木砍伐补偿统计表 附表3

序号	杆塔编号	树木种类及数量(棵)	胸径(厘米)	补偿标准(棵/元)	费用总计(万元)	备注

坟墓迁移补偿统计表 附表4

序号	杆塔编号	坟墓数量(座)	补偿标准(座/元)	费用总计(万元)	备注

机井报废补偿统计表 附表5

序号	杆塔编号	机井种类及数量(眼)	补偿标准(眼/元)	费用总计(万元)	备注

建(构)筑物拆迁补偿统计表　　附表6

序号	杆 塔 编 号	房屋种类及面积 (平方米)	补偿标准 (平方米/元)	费用总计 (万元)	备　注

宅基地处置补偿统计表　　附表7

序号	杆 塔 编 号	宅基地数量(块)	补偿标准(块/元)	费用总计(万元)	备　注

附录E　交流特高压线路工程路径保护巡视卡

工程项目名称：××—××线路工程　　　　　　　　　　　　　　　　　　　编号：

<table>
<tr><td>巡视地点及
塔基编号</td><td>××县××乡××村××号—××号
××县××乡××村××号—××号
××县××乡××村××号—××号</td><td>巡视时间</td><td></td></tr>
<tr><td>发现问题</td><td colspan="3"></td></tr>
<tr><td>巡视人员
签字</td><td></td><td>报送单位及
签收人员</td><td></td></tr>
<tr><td>备注</td><td colspan="3"></td></tr>
</table>

注：1. 本表县公司留存；

2. 沿线塔基每周至少巡视一次。

附录F 属地安全巡视员检查记录卡

单位名称：

<table>
<tr><td>检查部位</td><td colspan="3"></td><td>检查日期</td><td colspan="2"></td></tr>
<tr><td>受检单位</td><td colspan="3"></td><td>施工负责人</td><td colspan="2"></td></tr>
<tr><td>现场监理员</td><td colspan="3"></td><td>安全监督员</td><td colspan="2"></td></tr>
<tr><td colspan="7">检查内容及整体情况：</td></tr>
<tr><td>序号</td><td colspan="5">检 查 内 容</td><td>判别</td></tr>
<tr><td>1</td><td colspan="5">施工现场是否正确填写安全施工作业票。</td><td></td></tr>
<tr><td>2</td><td colspan="5">施工现场是否有施工方案和单基策划，是否按照施工方案和单基策划施工。</td><td></td></tr>
<tr><td>3</td><td colspan="5">核对人员身份信息，确认作业人员是否经过培训交底，是否具备特种作业资格（比如：高空作业）。</td><td></td></tr>
<tr><td>4</td><td colspan="5">是否有酒后作业现象，进入施工现场是否正确佩戴安全帽，使用安全带，安全带是否低挂高用。</td><td></td></tr>
<tr><td>5</td><td colspan="5">现场工具、材料是否堆放整齐、安置有序且下铺垫彩条布隔离。</td><td></td></tr>
<tr><td>6</td><td colspan="5">组立铁塔过程中，吊件下方是否有人，非施工人员是否进入施工作业区。</td><td></td></tr>
<tr><td>7</td><td colspan="5">高空作业人员所使用的工具、材料是否放在工具袋（桶）内或用绳索绑牢，上下传递物件时，是否使用绳索吊送，是否有抛掷现象。</td><td></td></tr>
<tr><td>8</td><td colspan="5">地面组装时，场地是否平整，障碍物是否清除，垫平泥泞场地，严防塔材扭曲变形。</td><td></td></tr>
<tr><td>9</td><td colspan="5">驾驶员是否超速行驶、酒后开车和无照驾驶。</td><td></td></tr>
<tr><td>10</td><td colspan="5">剩余材料是否堆放整齐，是否做到“工完料尽场地清”。</td><td></td></tr>
<tr><td>11</td><td colspan="5">铁塔组立是否及时连接接地线，接地未装设不得组立铁塔。</td><td></td></tr>
<tr><td>12</td><td colspan="5">抱杆直接支在松软土质时，根部采取防沉措施；支在坚硬或冻结地面时，根部采取防滑措施。</td><td></td></tr>
<tr><td>13</td><td colspan="5">吊车和平臂抱杆等设备安全检测证件是否齐全，操作人员和指挥人员有无专业资格证书和上岗证。</td><td></td></tr>
<tr><td colspan="7">补充项：</td></tr>
<tr><td colspan="7"></td></tr>
<tr><td colspan="2">处理方式</td><td>整改情况</td><td>整改负责人</td><td>整改日期</td><td>整改验证人</td><td>复检日期</td></tr>
<tr><td colspan="2"></td><td></td><td></td><td></td><td></td><td></td></tr>
<tr><td colspan="2"></td><td></td><td></td><td></td><td></td><td></td></tr>
</table>

说明：判别栏符合填“√”，不符合填“×”，无此项填“—”。

附录G 属地公司属地协调工作考核评分表

序号	评分项目	评分标准	扣分	扣分原因
1	组织机构及职责(8分)	未逐级建立和完善协调组织机构,扣2分。		
		未逐级设立岗位,分解落实责任,扣2分。		
		未促请政府成立相应组织协调机构,扣2分。		
		未纳入业主项目部管理,扣2分。		
2	工程前期(16分)	未及时开展前期工作导致工程滞后,每项扣2分。		
3	工程设计与施工准备(16分)	未按要求建立线路塔基数据和影像资料台账,扣2分。		
		未及时办理各项行政许可手续导致工程滞后,每项扣2分。		
		因对线路通道信息掌握不清,或协议含糊不清,对工程后续设计施工造成颠覆性影响,扣10分。		
4	工程建设(36分)	未按规定参加上级单位组织的例会和专项进度协调会,每次扣1分。		
		因施工受阻协调不到位导致工程滞后,每次扣3分。		
		属地协调问题隐瞒不报,或报送不及时造成工作被动,每次扣3分。		
		未及时协调属地供电范围内的停电配合工作造成工期延误,每次扣3分。		
		因属地赔付不到位导致工程滞后,每次扣3分。		
		未认真落实执行属地安全监督巡视和通道保护要求,发现一次扣3分。		
5	工程竣工决算与后评价(12分)	专项验收未能通过,每次扣3分。		
		因管理职责范围内的结算资料上报不完整、不及时或存在弄虚作假行为导致结算审核工作无法按期完成的每项扣3分。		
6	费用管理(12分)	补偿资料未按要求归档整理,扣3分。		
		因管理职责范围内的结算资料存在弄虚作假行为的每发现一项扣3分。		
		资金申报未按规定进行,或申报计划与使用计划严重不符,扣2分。		
7	总计扣分			
8	考核得分			

附录H　地市县乡级单位职责

1　地市级公司职责

1.1　工程设计与施工准备阶段:成立重点工程组织管理机构,设立组长和专职副组长;规范工作流程,严格考核制度。负责配合开展区域内交流特高压工程建设项目前期支持性文件办理;配合初设阶段相关协议办理;配合线路选线、初勘、终勘定位、施工交桩、线路复测等工作,并提出相关意见和建议;负责工程前期地方手续办理(选址意见书、建设用地规划许可证、建设工程规划许可证、国有土地使用手续、施工许可证、消防手续等)。

1.2　工程建设阶段:市级公司应组建"四通一平"业主项目部,具体负责进度、安全、质量、技术、造价、物资、信息、档案等现场建设管理工作。根据变电站周边实际情况、征地需求及四通一平施工进展情况,向业主项目部提出资金需求计划;负责地方关系协调,解决工程实施过程中遇到的重大属地问题;指导下级属地公司开展工程征(占)地补偿,地上附着物清理,房屋拆迁,三线迁改等工作,负责完成变电站征地,变电站临建场地占地、取水、排水、弃土及站外道路接口等协议签订及补偿工作,配合协调施工受阻;负责完成杆塔长期占地协议签订与补偿,线路通道内矿山、建(构)筑物拆迁、林木砍伐、机井封堵、坟墓迁移等协议签订补偿及施工协调工作;结合施工计划安排,编制属地协调计划及资金需求计划并按时上报;配合设备运输单位开展大件运输道路使用协调工作;配合施工单位开展施工临时占地、施工通道协调工作。负责资金使用计划报送;负责管理范围内建设场地占用及通道清理费、法人管理费的使用、管理和财务核算工作,并对下级单位费用使用情况进行监管;负责所辖设备停电计划的内部协调;完成上级交办的其他工作;负责对县级公司属地管理工作开展情况提出考评意见。

1.3　工程竣工决算与后评价阶段:负责按规定向上级单位移交完成的属地赔偿资料;配合审价审核单位对建设场地征用及通道清理费用进行结算。

2　县级公司职责

县级公司是工程属地管理工作落实主体。具体内容为:配合线路路径协议的取得;促请政府确定补偿标准;配合线路终勘定位,地上附属物清点统计,线路走廊保护,青苗补偿、树木砍伐、占地和拆迁协议签订与补偿;负责完成变电站征地,变电站临建场地占地、取水、排水、弃土及站外道路接口等协议签订及补偿工作,协调施工受阻;负责完成杆塔长期占地协议签订与补偿,线路通道内矿山、建(构)筑物拆迁、林木砍伐、机井封堵、坟墓迁移等协议签订补偿及施工协调工作;结合施工计划安排,编制属地协调计划及资金需求计划并按时上报;配合设备运输单位开展大件运输道路使用协调工作;配合施工单位开展施工临时占地、施工通道协调工作。负责资金使用计划报送;负责管理范围内建设场地征(占)用及通道清理费、法人管理费使用、管理和财务核算工作；负责所辖设备停电计划的内部协调；负责组织开展线路走廊保护和组塔期间属地安全巡视监督工作；完成上级交办的其他工作。

3　乡镇供电所职责

乡镇供电所主要负责逐基、逐档、逐项分解工作任务，跑办落实属地协调具体工作；负责开展线路走廊保护巡视和组塔期间属地安全巡视监督工作。

附录I 办理施工许可证各级单位职责

1. 属地公司促请属地政府出台补偿标准,争取有利政策支持。

2. 市级、县级公司促请属地市政府、县政府出台线路通道保护文件,防止抢栽、抢建、抢种等行为发生。

3. 市级、县级公司具体开展变电站征地、塔基长期占地及青苗补偿,建(构)筑物拆迁补偿,林木砍伐补偿协议签订和赔付协调工作,按照交流特高压工程属地协调计划要求(见附录B),开工前完成变电站先行用地赔偿工作和30%线路塔基占地补偿工作。

4. 市级、县级公司负责开展属地交桩工作。属地交桩内容包括:工程地形地貌情况、地面附着物、地下管线、家族墓群、风水林木等敏感、疑难、隐蔽性障碍设施信息,乡土风情情况,工程涉及的征(占)地权属人信息档案,站址及走廊保护情况,为后期赔偿工作提供依据。